Vijay Kumar
Galaba Sai Rajesh

INVESTIGAÇÃO SOBRE UMA ANTENA MINIATURIZADA BASEADA EM METASSUPERFÍCIE

Vijay Kumar
Galaba Sai Rajesh

INVESTIGAÇÃO SOBRE UMA ANTENA MINIATURIZADA BASEADA EM METASSUPERFÍCIE

ANTENA BASEADA EM MTM

ScienciaScripts

Imprint

Any brand names and product names mentioned in this book are subject to trademark, brand or patent protection and are trademarks or registered trademarks of their respective holders. The use of brand names, product names, common names, trade names, product descriptions etc. even without a particular marking in this work is in no way to be construed to mean that such names may be regarded as unrestricted in respect of trademark and brand protection legislation and could thus be used by anyone.

Cover image: www.ingimage.com

This book is a translation from the original published under ISBN 978-620-7-80586-0.

Publisher:
Sciencia Scripts
is a trademark of
Dodo Books Indian Ocean Ltd. and OmniScriptum S.R.L publishing group

120 High Road, East Finchley, London, N2 9ED, United Kingdom
Str. Armeneasca 28/1, office 1, Chisinau MD-2012, Republic of Moldova, Europe
Printed at: see last page
ISBN: 978-620-7-89413-0

INVESTIGAÇÃO SOBRE UMA ANTENA METAMATERIAL MINIATURIZADA PARA APLICAÇÕES SEM FIOS E DE RADAR

RESUMO

A antena de micro-ondas é uma área de investigação sempre ativa devido à sua procura incessante nos sistemas de comunicação modernos. As antenas de microfita (MPAs) são bem conhecidas devido às suas vantagens, como o baixo custo de fabrico, o peso leve, o baixo volume e também suportam tanto a polarização linear como a circular. Por outro lado, as MPAs sofrem com a largura de banda estreita, ressonância de frequência única e tamanho grande. No entanto, devido ao avanço das tecnologias sofisticadas, os desenhos das antenas têm de ser mais compactos e a estrutura deve ser reduzida para se adaptar a áreas mais pequenas. Por conseguinte, há uma procura crescente de antenas miniaturizadas para comunicações robustas utilizando as bandas ISM (Industrial, Scientific and Medical), WLAN (Wireless Local Area Network) e Wi-MAX (Worldwide Interoperability for Microwave Access) para sistemas de radar sem fios e aéreos. Nesta tese, foi proposto um projeto de uma MPA relativamente miniaturizada de 40% a 60% utilizando materiais magnéticos artificiais.

No passado, os avanços nos materiais magnéticos, como os metamateriais (MTM), abriram as portas para a obtenção de desempenhos melhorados dos MPA em grande medida. Esta investigação propõe um novo conjunto de MPA com desempenhos melhorados para sistemas sem fios e de radar, incorporando diferentes conjuntos de MTM com mais de 50% de miniaturização e compacidade. Esta tese é dedicada ao projeto de uma antena miniaturizada para aplicações sem fios e de radar utilizando MTM. As diferentes estruturas de MTM, tais como mu negativo (MNG) e epsilon negativo (ENG), são utilizadas para miniaturizar a MPA.

Conceção e análise de células unitárias MNG e ENG MTM e extração de parâmetros constitutivos. Foram utilizadas células unitárias MNG, como o ressoador de anel dividido (SRR), a forma H, o ressoador em espiral quadrada (SSR), o ressoador em espiral circular (CSR) e a forma ómega. Para o desenvolvimento de metassuperfícies, foram utilizadas células unitárias ENG, como o ressoador de anel dividido complementar (CSRR) e a forma de S. Foram concebidos diferentes MPAs novos utilizando superfícies de impedância reactiva (RIS) ou metassuperfícies baseadas em ENG e MNG MTM recentemente formuladas. As antenas multibanda são também trabalhadas nesta tese utilizando RIS de camada única e de camada dupla. As ferramentas comerciais de simulação electromagnética 3D são utilizadas para obter os resultados.

O radar de abertura sintética (SAR) é uma forma de sistema RADAR que é utilizado para produzir imagens de alvos/objectos com alta resolução. É montado numa plataforma móvel, como veículos aéreos não tripulados (UAV), aeronaves e naves espaciais. As restrições de tamanho e peso da carga útil são considerações importantes nos sistemas SAR aéreos. Observou-se que uma antena miniaturizada para a carga útil de um sistema SAR aéreo pode ser miniaturizada com estas antenas MTM até 50%. Do mesmo modo, são possíveis várias outras aplicações de comunicação, como os sistemas de emissores-receptores WLAN e Wi-MAX, com esta antena miniaturizada recentemente concebida e os sistemas de matriz.

ÍNDICE DE CONTEÚDOS

Introdução 9

    1.1   História das antenas 9

        1.1.1   Antena patch de microfita 10

        1.1.2   Métodos de alimentação de antenas.. 11

    1.2   Metamateriais 12

    1.3   Antenas para RADAR 13

        1.3.1   Antenas de radar de bordo 15

    1.4   Software de simulação 16

        1.4.1   Tecnologia de simulação por computador 16

    1.5   OBJECTIVO 17

Revisão da literatura 19

    2.1   Impedância reactiva Antenas de superfície 19

        2.1.1   ANTECEDENTES da superfície de impedância reactiva.................. 20

        2.1.1 antena ris de camada única 24

        2.1.2 Antena DUAL layer ris 25

    2.2   parâmetros efectivos do material Extração 26

        2.2.1   Propriedades efectivas dos materiais no caso simétrico.................... 27

        2.2.2   Propriedades efectivas dos materiais no caso não simétrico 28

Simulação e Análise de Células Unitárias Metamateriais 30

    3.1   Materiais mu negativos (MNG) 30

        3.1.1   Camada de SiNgle.. 30

        3.1.1.1   Célula unitária do ressoador de anel dividido (SRR) 30

        3.1.1.1.1   ANÁLISE DO PARÂMETRO S 31

        3.1.1.1.2 ANÁLISE DA FASE DE REFLEXÃO... 32

        3.1.1.2   Célula unitária de forma ómega.. 34

        3.1.1.3   CÉLULA UNITÁRIA EM FORMA DE H.. 37

        3.1.1.4   Célula unitária de ressoador em espiral quadrada 39

        3.1.1.5 Célula unitária de ressoador espiral CIRCLE (CSR)............................ 41

        3.1.2   dupla camada 43

        3.1.2.1   SRR de camada dupla (DSRR) 43

        3.1.2.2   Forma dupla de Omega (DO-RIS) 45

3.1.2.3   RIS em forma de H duplo (DH-RIS) 48

3.1.2.4 Ressonador de espiral quadrada dupla (DSSR-RIS) 49

3.1.2.5 Ressonador espiral de círculo duplo (DCSR-RIS) 52

3.2   MATERIAIS NEGATIVOS EPSILON (ENG) 53

3.2.1   Camada de SiNgle CÉLULAS UNIDAS 54

3.2.1.1   Ressonador de anel dividido complementar (csrr) 54

3.2.2 CÉLULAS UNIDAS de dupla camada 56

3.2.1.2   RESSOADOR DUPLO COMPLEMENTAR DE ANEL DIVIDIDO (DCSRR-RIS)   56

Projeto de antenas baseadas em MNG MTM 59

4.1   Antena SRR-RIS bASED 59

4.1.1   Antena SRR-RIS de camada única 59

4.1.2   Antena SRR-RIS de dupla camada 62

4.2   Antena Omega-RIS (O-RIS) 65

4.2.1   Conceção das células unitárias O-RIS e CO-RIS 66

4.2.2   pormenores de conceção da antena 67

4.2.3   resultados e discussões 68

4.2.4   conclusão 70

4.3   Antena fractal de Koch inspirada na H-RIS 70

4.3.1   PROCEDIMENTO DE CONCEPÇÃO DA ANTENA 72

4.3.2   Forma de H ris 73

4.3.3   RESULTADOS E DISCUSSÕES 74

4.3.4   CONCLUSÃO 77

Conceção de antenas ENG MTM 79

5.1   Antena RIS quadrada dupla 79

5.1.1   Estudo da célula unitária RIS com duplo quadrado carregado 80

5.1.2   Gráfico da fase de reflexão 81

5.1.3   conceção da antena 81

5.1.4   resultados e discussões 82

5.1.5   conclusão 84

5.2   Antenas com base em CSRR 84

5.2.1   MPA multibanda com base no CSRR-RIS 84

5.2.1.1   PORMENORES DE CONCEPÇÃO DA ANTENA 85

5.2.1.2   Resultados e discussões 86

5.2.1.3   conclusão 88

5.2.2   Antena multi-substrato com carga CSRR 89

5.2.2.1   PORMENORES DA ANTENA 90

5.2.2.1.1   Conceção da antena-1 90

5.2.2.1.2   Projectos de antenas-2&3 91

5.2.2.2   RESULTADOS E DISCUSSÕES 92

5.2.2.2.1   Análise da conceção-1 93

5.2.2.2.2   Análise da conceção-2 94

5.2.2.2.3   Análise da conceção-3 95

5.2.2.3   CONCLUSÃO 96

5.2.3   Antena de microfita carregada com CSRR 97

5.2.3.1   Geometria da antena 97

5.2.3.2   Resultados e discussões 99

5.2.3.2.1   Projeto-1 99

5.2.3.2.2   Conceção-2 100

5.2.3.2.3   Conceção-3 100

5.2.3.2.4   Conceção-4 101

5.2.3.3   conclusão 102

5.3   ANTENA MINIATURIZADA MULTIBANDA BASEADA EM FORMA DE S   102

5.3.1   Pormenores da conceção da antena 102

5.3.1.1 Estudo da célula unitária RIS com carga em forma de S 103

5.3.1.2   Gráfico da fase de reflexão 103

5.3.2   resultados e discussões 104

5.3.3   Conclusão 105

Conclusão 106

LISTA DE ABREVIATURAS

4G LTE	4 Generation Long Term Evolution
BW	Band Width
CRLH ZOR	Composite Right Left Handed Zero Order Resonator
CSRR	Complementary Split Ring Resonator
DNG	Double Negative materials
DS-RIS	Double Square loaded Reactive Impedance Surface
DLDMPA	Dual Layer Dual Patch Microstrip Patch Antenna
ENG	Epsilon Negative materials
EM	Electromagnetic
FSS	Frequency Selective Surface
GPS	Global Position System
ISM band	Industrial, Scientific and Medical band
LAN	Local Area Network
LHM	Left Handed Materials
MMPA	Metasurface Microstrip Patch Antenna
MNG	Mu Negative materials
MPA	Microstrip Patch Antenna
MTM	Metamaterial
PRS	Partially Reflecting Sheet
PEC	Perfect Electric Conductor
PIFA	Planar Inverted F Antenna
PMC	Perfect Magnetic Conductor
RIS	Reactive Impedance Surface
SAR	Synthetic Aperture Radar
SCD	Surface current distribution
SMA	Sub-Miniature version A
SR	Spiral Resonator
SR-MTM	Spiral Resonator Metamaterial
SRR	Split Ring Resonator
SR-RIS	Spiral Resonator Reactive impedance surface
TE	Transverse Electric

TM	Transverse Magnetic
UAV	Unman Aerial Vehicle
UHF	Ultra-High Frequency
VNA	Vector Network Analyzer
Wi - MAX	Worldwide Interoperability for Microwave Access

Capítulo 1

Introdução

Este capítulo aborda brevemente a história das antenas em geral, a antena de microfita (MPA), os parâmetros da antena, os métodos de alimentação da antena, os metamateriais (MTM), o papel de uma antena nas comunicações e as aplicações de radar. Por último, aborda o software de simulação electromagnética (EM) 3D utilizado para a conceção de antenas compactas baseadas em MTM.

1.1   HISTÓRIA DAS ANTENAS

No ano de 1886; Heinrich Hertz construiu um sistema de comunicação sem fios no qual obrigou uma faísca eléctrica a acontecer numa antena dipolo. Utilizou uma antena de laço circular como recetor e observou um impacto perturbador equivalente. Em 1901, Marconi estava a enviar informações sobre o Atlântico. Para uma antena de transmissão, utilizou alguns fios verticais ligados ao solo. Sobre o Oceano Atlântico, a antena recetora era um fio de 200 metros sustentado por um papagaio (Balanis, 2005).

Na década de 1890, existiam apenas algumas antenas de rádio. Estes aparelhos simples eram principalmente uma peça de uma ligação de rádio que demonstrava a transmissão de ondas electromagnéticas. Na Segunda Guerra Mundial, os fios de rádio tornaram-se omnipresentes, a ponto de a sua utilização ter mudado a vida do indivíduo comum com a ajuda das receções de rádio e televisão.

[st]Em meados do século XXI, a procura de vários tipos de antenas, como as de abertura, as de fio e, sobretudo, as antenas MPA, aumentou muitas vezes devido a novas invenções e serviços no domínio das comunicações móveis celulares terrestres. Esta taxa crítica de avanço nos sistemas de comunicação não guiados tornou-se uma parte maior da existência quotidiana regular e as pessoas precisam de receptores compactos avançados neste mundo muito volátil e transitório. O desenvolvimento de um recetor topo de gama exige uma melhoria substancial da extremidade dianteira de RF do transmissor no que respeita à nova geração de antenas, amplificadores de potência, amplificadores de baixo ruído (LNA) e outros componentes de RF associados. Além disso, o desenvolvimento substancial dos dispositivos RFID propõe

9

que a quantidade de aparelhos de receção utilizados possa aumentar em qualquer medida. Este número seria preponderante em relação ao número de dispositivos de acolhimento atualmente utilizados. Um resumo geral de algumas antenas que foram concebidas e testadas é a antena Yagi-Uda (1920), as antenas de corneta (1939), os conjuntos de antenas (1940), os reflectores parabólicos (1950), as antenas de remendo (1970) e a PIFA (1980). Uma antena compacta e de baixo perfil para aplicações nas bandas ISM, WLAN e Wi-MAX continua a ser procurada e necessita de mais investigação e inovação.

1.1.1   ANTENA PATCH DE MICROFITA

A antena é um dispositivo importante para qualquer sistema de comunicação sem fios e sistemas de radar, que transmite e recebe sinais. A antena é definida como um condutor ou grupo de condutores utilizados para irradiar energia EM para o espaço ou para a recolher do espaço. Uma MPA tem sido utilizada desde há muito tempo devido às suas circunstâncias favoráveis inatas, tais como a eficiência em termos de custos, o tamanho reduzido, o perfil baixo, a capacidade de integração flexível e a facilidade de fabrico (James, 1988).

A MPA também era conhecida como antenas de remendo e a estrutura física pode ser descrita como uma MPA é feita de uma placa de circuito impresso de dois lados, com um lado servindo como terra e o lado superior contendo a estrutura da antena, que é composta por uma linha de alimentação e um remendo. A linha de alimentação tem uma largura e define, juntamente com o dielétrico e a espessura do substrato, a impedância da antena. A largura necessária para o casamento de impedância desejado pode ser calculada com a fórmula (Balanis, 2005).

No caso das antenas MPA, a correspondência de largura de banda de impedância tipicamente estreita restringe enfaticamente a sua aplicação nos actuais sistemas de comunicações e de radar. As perdas de ondas superficiais podem influenciar o desempenho das MPA, diminuindo as suas eficiências de radiação, tanto em relação aos dieléctricos como aos magneto-dielectricos (Bhattacharyya e Garg, 1986 e Niamien et al., 2010, 2011). Uma MPA normal inclui uma mancha condutora, que pode ter estruturas únicas, impressa sobre um substrato dielétrico ligado à terra. Das diferentes técnicas de alimentação de antenas desenvolvidas ao longo dos anos (Garg et al., 2001), esta tese abrange a alimentação convencional por sonda coaxial. Todas as antenas, independentemente do seu tamanho ou forma, têm quatro características essenciais, como o ganho, a directividade, a reciprocidade e a polarização.

A directividade de uma antena é uma medida da sua capacidade de concentrar a energia numa ou mais direcções precisas. É possível determinar a directividade de uma antena observando o seu padrão de radiação. Algumas antenas são altamente direccionais; propagam mais energia em determinadas direcções do que noutras. A relação entre a quantidade de energia originada nessas direcções e a energia que seria originada se a antena não fosse direcional é conhecida como ganho de antena. Reciprocidade é a capacidade de usar a mesma antena tanto para transmissão quanto para receção. As características eléctricas de uma antena aplicam-se da mesma forma, independentemente de a antena ser utilizada para transmitir ou receber.

O campo de radiação é constituído por linhas de força magnéticas e eléctricas que são sempre perpendiculares entre si. Diz-se que a maioria dos campos electromagnéticos no espaço são linearmente polarizados. A direção da polarização é a orientação do vetor do campo elétrico. Se as linhas de força eléctrica forem horizontais, diz-se que a onda está polarizada horizontalmente e uma antena posicionada horizontalmente produz uma onda polarizada horizontalmente; se as linhas eléctricas forem verticais, diz-se que a onda está polarizada verticalmente e uma antena posicionada verticalmente produz uma onda polarizada verticalmente. Em longas distâncias, a polarização muda e a mudança é geralmente pequena em baixas frequências, mas bastante drástica em altas frequências (Balanis, 2005).

1.1.2 MÉTODOS DE ALIMENTAÇÃO DE ANTENAS

Existe uma variedade de métodos de alimentação disponíveis para alimentar as antenas de remendo. Os métodos são principalmente classificados em duas categorias: com contacto e sem contacto. No método de alimentação com contacto, a potência de radiofrequência (RF) é alimentada diretamente para a mancha radiante, enquanto no método de alimentação sem contacto a potência de RF é alimentada com acoplamento de campo EM. Os métodos tradicionais de alimentação por contacto são a linha microstrip e a sonda coaxial. Os métodos tradicionais de alimentação sem contacto são as abordagens de proximidade e de acoplamento de abertura. Uma alimentação por linha microstrip utiliza uma linha de transmissão para ligar a mancha radiante aos circuitos de transmissão ou receção. As linhas de campo EM são focadas entre a linha microstrip e o plano de terra para excitar apenas ondas guiadas em oposição a ondas irradiadas ou de superfície. Uma antena coaxial alimentada por sonda é constituída por uma mancha de microfita alimentada pelo condutor central de uma linha coaxial. O condutor coaxial externo está ligado eletricamente ao plano de terra. Devido à ausência de uma linha de alimentação microstrip, a espessura e a permissividade do substrato podem ser concebidas para maximizar a radiação da antena. No entanto, o condutor central da sonda sob o patch causa uma distorção indesejada no campo elétrico entre o patch e o plano de terra e produz efeitos de carga reactiva indesejados na porta de entrada da antena. A reatância indesejada pode ser compensada ajustando a localização da sonda no patch. Uma antena com acoplamento de abertura elimina as ligações eléctricas directas entre o condutor de alimentação e a mancha radiante e a placa de massa isola eletricamente as duas estruturas. Os dois substratos dieléctricos podem ser seleccionados de forma independente para otimizar as ondas guiadas por microfita e as ondas radiantes da mancha.

O método de acoplamento por proximidade pode ser utilizado quando é necessária a configuração de dois ou mais substratos dieléctricos e este método de alimentação é também designado por alimentação electromagneticamente acoplada. Normalmente, nesta abordagem, a linha microstrip é colocada no substrato dielétrico inferior e o elemento de ligação é posicionado no substrato superior. As vantagens são uma melhoria da largura de banda e uma baixa radiação espúria. O fabrico da estrutura de alimentação é um pouco difícil devido a problemas de alinhamento e empilhamento.

1.2   METAMATERIAIS

A palavra MTM é uma palavra grega que significa para além dos materiais. Veselago (1967) introduziu pela primeira vez no ano de 1967 a especulação teórica sobre a existência de substâncias com permissividade e permeabilidade simultaneamente negativas, os MTM. Os MTM são também designados por materiais artificiais, LHM (left-handed materials) e DNG (double negative materials). Este MTM tem propriedades únicas que não podem ser encontradas em materiais naturais. Após três décadas, Pendry et al. (1999) introduziram as estruturas plasmónicas do tipo permissividade negativa/permeabilidade positiva (fios duplos) e permissividade positiva/negativa (ressoador de anel dividido), concebidas para uma frequência plasmónica na gama das micro-ondas. Smith et al. (2000) combinaram as estruturas de fios finos e de ressoador de anel dividido (SRR) de Pendry numa estrutura composta, que representou o primeiro protótipo experimental de MTM de alta frequência. Além disso, a abordagem da linha de transmissão a partir do MTM foi referida por Grbic e Eleftheriades (2002); Iyer et al. (2002); Caloz e Itoh (2002, 2006) e Oliner (2003).

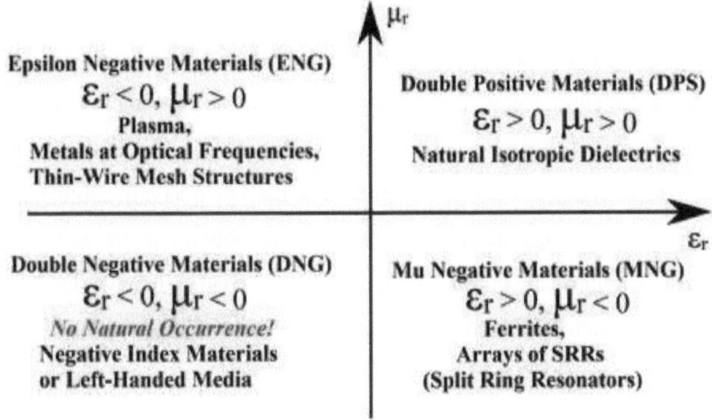

Figura 1.1 Classificações de materiais

Os materiais existentes no ecrã original são apenas uma pequena parte das propriedades EM que são acessíveis em princípio ou em teoria. Os investigadores têm feito um esforço notável para investigar novos materiais que têm algumas propriedades particularmente úteis. O nome MTM tem origem na palavra grega "meta", que significa "para além de". A partir da definição que designa, os MTM não se encontram na natureza e são feitos de materiais naturais. Regra geral, os MTM são constituídos por estruturas periódicas de sub-comprimento de onda com várias formas ou estruturas. Os MTM electromagnéticos são materiais construídos artificialmente que se destinam a interagir e a controlar as ondas EM em direção ao início do novo período.

Os MTMs electromagnéticos são estruturas periódicas, essencialmente constituídas por elementos metálicos sobre um substrato dielétrico. As propriedades do material também são quantidades características de interesse e podem ser calculadas com algum pós-processamento dos resultados da simulação, que inclui parâmetros S e parâmetros constitutivos do material, tais como o índice de refração (n), a permissividade de impedância (ε) e a permeabilidade (μ), respetivamente. A Figura 1.1 descreve a classificação dos materiais com base em μ e ε. Neste trabalho de tese, foram utilizados materiais com μ negativo e ε negativo para o projeto de antenas compactas.

1.3   ANTENAS PARA RADAR

Em meados do século XVIII, Heinrich Hertz descobriu que as ondas electromagnéticas se propagam comparativamente à luz visível quando se reflectem em superfícies sólidas. A principal utilização genuína e viável desta descoberta foi actualizada em 1904 por um inventor alemão, Christian Huelsmeyer, que utilizou ondas electromagnéticas reflectidas provenientes de barcos num raio de 3 km da sua fonte para evitar o choque entre barcos. O princípio simples de funcionamento do radar convencional é fácil de entender. O radar tem muitas preferências em comparação com um esforço de perceção visual. O radar pode funcionar de dia ou de noite, na penumbra ou na escuridão, a longa distância. O radar pode funcionar em todos os climas, nevoeiro e chuva; pode até entrar em divisórias ou camadas de neve. O radar tem um alcance extremamente alargado, sendo possível observar toda a metade do globo. O radar distingue e segue objectos em movimento utilizando o processamento de sinais de retorno.

Dadas as várias aplicações dos sistemas de radar, como militares e civis, são necessários projectos inovadores e compactos, especialmente para sistemas de radar aéreos e espaciais. Um dos principais componentes de todos os tipos de sistemas de radar é uma antena, que desempenha um papel significativo na conceção de radares para determinadas aplicações. O desenvolvimento de uma antena compacta e de banda larga para radares aéreos e espaciais, por exemplo, radares de abertura sintética (SAR), é crucial para a conceção de cargas úteis.

Um SAR é um sistema de radar de observação lateral aerotransportado ou espacial que utiliza a forma de voo do palco para simular eletronicamente uma grande antena ou abertura, e que cria imagens de deteção remota de alta resolução. Os ciclos individuais de transmissão ou receção são concluídos com a informação de cada período sendo guardada eletronicamente. A magnitude e a fase dos sinais recebidos em impulsos sucessivos de elementos de um SAR são processadas utilizando técnicas de processamento de sinais. Após um determinado número de ciclos, a informação armazenada é recombinada para formar uma imagem de alta resolução da paisagem que está a ser sobrevoada.

Qualquer antena direcional pode ser utilizada para sistemas de radar. Um sinal é transmitido a partir de uma antena, propaga-se para o exterior, faz ricochete num objeto e regressa a essa antena ou a qualquer outra antena que esteja configurada para receber. As antenas direccionais irradiam energia em padrões de lóbulos ou feixes que se estendem para fora da antena numa direção para uma determinada posição da antena. O padrão de radiação também contém lóbulos menores, mas esses lóbulos são fracos e normalmente têm pouco efeito sobre o padrão de radiação principal. A largura angular do lóbulo principal pode variar entre um ou dois graus em alguns radares e 15^0 e 20^0 noutros radares. A largura depende do objetivo do sistema e do grau de precisão necessário.

1.3.1 ANTENAS DE RADAR AEROTRANSPORTADAS

O equipamento de radar aéreo é utilizado para vários objectivos específicos. Alguns deles são o bombardeamento, a navegação e a busca. As antenas de radar para este equipamento são invariavelmente alojadas dentro de radomes não condutores, não só para proteção mas também para preservar o design aerodinâmico. Alguns destes radomes são colocados no exterior da fuselagem, enquanto outros se encontram à face da pele da fuselagem. Neste último caso, a própria antena de radar é transportada no interior da fuselagem e o radome não condutor substitui uma secção da pele metálica. As antenas de radar e o seu radome devem funcionar sob uma grande variedade de condições de temperatura, humidade e pressão. Por conseguinte, a construção mecânica e a conceção devem minimizar qualquer possibilidade de falha. As antenas de radar aerotransportadas são construídas para suportar grandes quantidades de vibração e choque; as antenas de radar são rigidamente fixadas à estrutura do avião. O peso da antena de radar, incluindo o mecanismo de rotação necessário para o varrimento, é reduzido ao mínimo. Além disso, a forma do radome é construída de modo a não prejudicar o funcionamento da aeronave.

As antenas de radar são normalmente antenas direccionais que irradiam energia num lóbulo direcional de um feixe. As duas características mais importantes das antenas direccionais são a directividade e o ganho de potência. As antenas de radar utilizam frequentemente reflectores parabólicos em diversas variações diferentes para concentrar a energia irradiada num padrão de feixe desejado. Outros tipos de antenas utilizadas em sistemas de radar são o refletor de canto, a matriz de lado largo e os radiadores de corneta.

Os sistemas não tripulados estão a fornecer um número crescente de funções operacionais, incluindo vigilância aérea e terrestre remota, transmissão de vídeo, patrulha de fronteiras e sistemas tácticos. A comunicação ininterrupta com o centro de controlo é vital. À medida que a procura de sistemas não tripulados aumenta, aumenta também a necessidade de uma gama mais vasta de antenas para cargas úteis, sistemas de comunicação de dados, comando e controlo. Os requisitos de desempenho são uma consideração importante ao selecionar a antena.

1.4 SOFTWARE DE SIMULAÇÃO

É necessário escrever uma pequena introdução ao software de simulação e às simulações. Uma determinada antena foi calculada a partir do zero ou com uma estratégia de conceção; em seguida, foi construída e testada uma antena.

1.4.1 TECNOLOGIA DE SIMULAÇÃO POR COMPUTADOR

CST MWS significa tecnologia de simulação por computador; estúdio de micro-ondas. CST é o nome da empresa e tem a sua sede em Darmstadt, Alemanha. O CST MWS faz parte de um conjunto de ferramentas, todas especializadas num ramo diferente da simulação EM. É composto por um modelador 3D, um explorador de formas com propriedades de materiais e base de dados e um editor de simulação com um conjunto de algoritmos escondidos para o utilizador. Através da interface gráfica do utilizador (GUI), pode ser criado um modelo, podem ser atribuídas propriedades de materiais e podem ser feitas escolhas para a simulação. Os resultados podem então ser representados de várias formas. O melhor e mais útil é a possibilidade de utilizar uma variável de parâmetro. Para efetuar uma simulação, é necessário escolher uma estratégia de resolução. Embora o software de simulação CST MWS seja capaz de aplicar mais tipos de solucionadores, dois são de grande interesse: Solver transiente e Solver de frequência. Ambos são igualmente bons mas, dependendo do projeto, um pode ser preferível ao outro. Ambos têm uma coisa em comum: dividem o projeto em pequenas peças, como um puzzle.

Um solucionador transiente divide-o em pequenos cubos chamados peças hexaédricas e um solucionador de frequência divide-o predominantemente em peças tetraédricas. Para cada peça, as equações de Maxwell são resolvidas, após o que os resultados são combinados. A união de todas as peças, quer sejam hexaédricas ou tetraédricas, é designada por malha. Esta malha pode ser adaptativa, o que significa que, se o programa considerar que está a ter problemas com a malha atual e a sua presença, pode aumentar ou adaptar a malha. É neste algoritmo de adaptação da malha que o CST MWS difere de outros pacotes, como o HFSS da Ansys.

1.5 OBJECTIVO

A conceção de uma antena compacta e optimizada é a necessidade de sensores activos para várias aplicações de radar ou de comunicações sem fios. Observa-se predominantemente que as formas conformes de baixo perfil têm sido uma escolha para a conceção de antenas de matriz para sistemas de imagiologia aéreos e espaciais. Para aplicações de radar de imagiologia nas bandas S e C, o módulo TR dos sistemas de radar pode tornar-se mais eficiente em banda larga e de pequenas dimensões utilizando antenas MPA com novas concepções carregadas com estruturas MTM. Os materiais com índices negativos têm propriedades que permitem a miniaturização da antena e a correspondência da impedância de banda larga (Mosallaei e Sarabandi. 2003, 2004).

O objetivo desta tese é conceber uma antena miniaturizada e com maior largura de banda para aplicações sem fios e de radar utilizando estruturas MTM. As diferentes estruturas MTM, como os tipos mu (μ) negativo (MNG) e épsilon negativo (ENG), são utilizadas para miniaturizar a MPA. Os pormenores das propriedades inerentes às estruturas MNG e ENG são explicados no Capítulo 2, que foi utilizado para conceber diferentes antenas miniaturizadas.

Os objectivos desta tese são:

- Conceção e análise de células unitárias MNG e ENG MTM e extração de parâmetros constitutivos.
- Projeto de antena com largura de banda melhorada baseada em metassuperfície MNG e ENG.
- Um design compacto de antena de matriz de alto ganho para aplicações de radar.

ORGANIZAÇÃO DA TESE

CAPÍTULO 2: REVISÃO DA LITERATURA

Neste capítulo, é apresentada a investigação para melhorar a largura de banda e a miniaturização do tamanho de uma antena, utilizando o conceito de superfície de impedância reactiva com diferentes aplicações. Discutem-se os conceitos de MTM e os parâmetros de conceção dos materiais, como a permissividade negativa e a permeabilidade negativa, e apresenta-se a respectiva formulação teórica.

CAPÍTULO 3: SIMULAÇÃO E ANÁLISE DE CÉLULAS UNITÁRIAS METAMATERIAIS

Este capítulo inclui a discussão da análise de células unitárias MTM (tanto MNG como ENG). A análise de células unitárias inclui o estudo das características da fase de reflexão e o estudo da extração de parâmetros constitutivos da célula unitária MTM. São considerados e analisados diferentes tipos de células unitárias. As células unitárias MNG são constituídas por um ressoador de anel dividido (SRR), um ressoador em forma de H, um ressoador em espiral quadrada (SSR), um ressoador em espiral circular (CSR) e um Omega. As células unitárias ENG são constituídas por um ressoador de anel dividido complementar (CSRR) e por um ressoador em forma de S.

CAPÍTULO 4: CONCEPÇÃO DE ANTENAS MNG MTM

Este capítulo aborda o projeto e a simulação de antenas propostas baseadas em metassuperfícies MNG com camadas simples e duplas. São projectadas e estudadas cinco antenas diferentes baseadas em metassuperfícies MNG. As cinco metassuperfícies são SRR, em forma de H, SSR, CSR e em forma de ómega. A simulação e os resultados medidos das antenas propostas são comparados e analisados.

CAPÍTULO 5: CONCEPÇÃO DE ANTENAS ENG MTM

Este capítulo aborda o desenvolvimento e a simulação de antenas propostas baseadas em metassuperfícies ENG com camadas simples e duplas. São projectadas e estudadas duas antenas diferentes baseadas em metassuperfícies ENG. As duas metassuperfícies são CSRR e em forma de S.

CAPÍTULO 6: PROJECTO DE UMA ANTENA DE MATRIZ BASEADA EM MTM PARA APLICAÇÃO SAR

Este capítulo trata do projeto de antenas de matriz não linear baseadas em MTM para aplicações SAR. Foram discutidos vários projectos de antenas de matriz com ganho de 20 ±2 dBi.

CAPÍTULO 7: CONCLUSÃO E TRABALHO FUTURO

No último capítulo, são apresentadas as conclusões e o âmbito do trabalho futuro.

Capítulo 2

Revisão de Literatura w

Neste capítulo, é apresentada a literatura para melhorar a largura de banda e a miniaturização do tamanho de uma antena, utilizando o conceito de superfície de impedância reactiva com diferentes aplicações. Discutem-se os conceitos de MTM e os parâmetros de conceção dos materiais, incluindo a permissividade negativa e a permeabilidade negativa, e apresentam-se as respectivas formulações matemáticas.

2.1 IMPEDÂNCIA REACTIVA ANTENA DE BASE SUPERFICIAL S

As antenas típicas com uma largura de banda de impedância estreita restringem fortemente a sua aplicação nos actuais sistemas sem fios e de radar. As perdas de ondas superficiais podem influenciar o desempenho das MPA, diminuindo as suas eficiências de radiação tanto em substratos dieléctricos como magneto-dieeléctricos (Bhattacharyya e Garg, 1986 e Niamien et al., 2010, 2011). Uma MPA normal inclui uma mancha condutora, que pode ter estruturas únicas, impressa sobre um substrato dielétrico ligado à terra. Das diferentes técnicas de alimentação de antenas desenvolvidas ao longo dos anos (Garg et al., 2001), esta tese abrange a técnica normal de alimentação por sonda coaxial. As limitações das MPAs que são impressas em substratos com suporte metálico mostram uma largura de banda estreita e uma baixa eficiência. Tal deve-se à anulação dos campos irradiados da antena com os campos da corrente de imagem que se encontra próxima e oposta às correntes da antena. Pode resultar num aumento da energia EM armazenada, o que pode causar uma largura de banda estreita e uma baixa eficiência. No entanto, o conceito RIS foi estudado e utilizado para melhorar o problema do cancelamento de imagem do MPA.

O parágrafo anterior aborda as vantagens e os problemas dos MPA, que foram concebidos sobre planos de terra com condutores eléctricos perfeitos (PEC) e condutores magnéticos perfeitos (PMC). Foi especificado que a dimensão do MPA, a largura de banda e a correspondência de impedâncias podem ser melhoradas incorporando RIS (com impedância de superfície $\eta=jv$) no MPA (Mosallaei e Sarabandi. 2003, 2004).

A camada RIS é um conjunto periódico de manchas (forma quadrada) gravadas num substrato dielétrico com suporte de cobre. Para a análise da camada RIS, foi considerada uma célula unitária única, formando condições de fronteira PMC e PEC em torno da célula unitária única perpendicular à onda plana incidente. O modelo de elemento fixo para a célula unitária RIS única é especificado como um indutor de derivação fixo paralelo ao condensador. Talvez a mancha quadrada actue como um condensador de derivação colocado sobre uma linha de transmissão com carga dieléctrica em curto-circuito. A partir daqui, é evidente que a célula unitária está sujeita à frequência de funcionamento, à indutância e à capacitância. O modelo a nível do circuito para uma célula unitária é especificado como um indutor de derivação paralelo ao condensador. O circuito LC paralelo é capacitivo a frequências acima da ressonância, comportando-se na ressonância como uma superfície PMC (circuito aberto) e indutivo abaixo da frequência de ressonância.

2.1.1 ANTECEDENTES DA SUPERFÍCIE DE IMPEDÂNCIA REACTIVA

O conceito de RIS para as MPAs foi introduzido pela primeira vez por Mosallaei e Sarabandi (2003, 2004) e Yang e Rahmat Samii (2003). Foi demonstrado que a substituição do solo metálico por uma metassuperfície RIS contribui para melhorar os parâmetros da antena, como o ganho, a largura de banda e a redução das dimensões das MPAs. O conceito é uma formulação de imagem exacta para os campos de fontes primárias sobre superfícies de impedância (com uma reactância de superfície específica) que pode minimizar a interação entre a fonte primária e as suas imagens. A largura de banda da fase de reflexão é definida como a banda de frequência em que a fase do campo E refletido de incidência normal da superfície se situa entre -180^0 e $+180^0$. O desenho do RIS é uma estrutura periódica de manchas quadradas metálicas impressas num substrato dielétrico com suporte metálico, este material dielétrico com espessura meta-revestida proporciona uma propriedade de indutância, que é paralela ao condensador existente entre as manchas. A célula unitária do RIS pode ser representada como um modelo LC paralelo com a impedância reactiva desejada

$$\eta = Z_{LC} \tag{2.1}$$

$$= j\frac{X_L X_C}{X_C - X_L} \tag{2.2}$$

$$= jX_{LC} \tag{2.3}$$

Onde

$$X_L = Z_d \tan kd \tag{2.4}$$

$$k = k_0\sqrt{\varepsilon_r} \tag{2.5}$$

$$Z_d = \frac{\eta_0}{\sqrt{\varepsilon_r}} \tag{2.6}$$

$$X_c = \frac{1}{\omega C} \tag{2.7}$$

Urbani et al. (2005) apresentaram uma antena concebida para funcionar na banda ISM e que é montada num cartão PCMCIA (Personal Computer Memory Card International Association). A antena tem duas camadas RIS para minimizar as dimensões e aumentar o ganho. A antena funcionou a uma frequência central de 2,44 GHz com uma largura de banda (BW) de 3,4% (2,483-2,4 GHz). Foroozesh e Shafai (2006) propuseram a ideia de utilizar o RIS como plano de terra para antenas de ondas com fugas. As condições de ressonância para a estrutura da antena de ondas com fugas com um ângulo de boresight são as seguintes

i.e $\theta = 0$

$$l = \frac{N\lambda}{2} + \frac{\lambda}{4\pi}\left(\Psi_\Gamma(f) + \Phi_\Gamma(f)\right) \qquad N = 0,1,2..... \tag{2.8}$$

Onde, 'l' é a distância entre o plano de terra e a folha parcialmente reflectora (PRS), 'ψ_Γ' é a fase de reflexão de um plano de terra, e 'Φ_Γ' é a fase de reflexão da superfície de reflexão parcial. Neste caso, a antena foi projectada para a frequência de 9,4 GHz.

Sarabandi et al. (2006) conceberam uma antena plana e compacta de ultra-alta frequência (UHF) que funciona na gama de frequências de 420-450 MHz utilizando RIS. Foi referido que é possível obter dimensões reduzidas e uma melhor largura de banda incorporando RIS na antena. O patch de radiador com ranhura em forma de U resultou numa largura de banda alargada. Simultaneamente, o RIS aumenta a largura de banda e permite a miniaturização. Foi registada uma melhoria de 20% na largura de banda e o tamanho total da antena é de 0,3 λ×0,3 λ. Altunyurt et al. (2009) apresentaram uma comparação entre a miniaturização do RIS com os substratos magneto-dieléctricos e os substratos de elevada permissividade. Os materiais magnetodieléctricos são os materiais cuja permissividade e permeabilidade relativas são ambas superiores a um. Estes materiais ultrapassam as dificuldades encontradas na miniaturização das estruturas electromagnéticas dos dieléctricos de elevada permissividade (Yang e Rahmat Samii, 2003).

Costa e Monorchio (2010) propuseram uma nova estrutura para efetuar a absorção de frequências multibanda. Este projeto avançado consiste na folha resistiva sobre a superfície reactiva, sendo a distância entre ambas de um quarto do seu comprimento de onda. A impedância de superfície da superfície reactiva 'Z_R' é equivalente à impedância da ligação em paralelo da superfície selectiva de frequência (FSS), Z_{FSS} e a impedância de superfície da placa dieléctrica ligada à terra, Z_d. A placa dieléctrica fina ligada à terra comporta-se como um indutor, e a sua impedância pode ser calculada da seguinte forma (Tretyakov, 2003).

$$Z_d = jZ_m^{TE,TM} \tan(\beta d) \tag{2.11}$$

Onde

$$Z_m^{TE} = \left(\omega\mu_0\mu_r\right)/\beta, \; Z_m^{TM} = \beta/\left(\omega\varepsilon_0\varepsilon_r\right) \tag{2.12}$$

As duas equações acima são as impedâncias características da placa para polarização TE e TM.

Dong et al. (2012) propuseram e apresentaram uma antena patch miniaturizada carregada com ressonadores de anel dividido complementares (CSRRs) e RIS. A antena foi projetada para a frequência de 2,4 GHz com um tamanho compacto de 0,099 λ_0 ×0,153 λ_0 ×0,024 λ_0. Dong et al. (2012) apresentaram uma antena patch compacta composta de ressonador de ordem zero à direita e à esquerda (CRLH ZOR) incorporando RIS. Tipicamente, o CRLH ZOR tem sofrido de largura de banda estreita e baixa eficiência e esta limitação pode ser superada combinando a metassuperfície RIS com o CRLH ZOR.

Agarwal et al. (2012) propuseram uma antena compacta de micro-ondas com fenda cruzada assimétrica circularmente polarizada com RIS. A antena tem uma largura de banda de relação axial de 3 dB de 1,6% (2,51-2,55 GHz), largura de banda de impedância de 10 dB de 5,2% (2,47-2,6 GHz) e ganho de 3,4 dBi. Afshari et al. (2013) mostraram um método único na frequência de 60 GHz para conceber uma antena integrada de baixo custo e energeticamente eficiente. Nesse trabalho, o aumento da eficiência da radiação pode ser conseguido através da incorporação de RIS e também demonstra um potencial único no que respeita à minimização do tamanho, à redução do acoplamento, a uma maior largura de banda e a uma maior eficiência.

Vaid e Mittal (2013) investigaram o RIS do tipo leito de pinos finos aterrados incorporado na antena de patch circular. A análise foi efectuada alterando as dimensões dos pinos. Observa-se que a compactação de 26% no tamanho da antena. Agarwal e Alphones (2013) apresentaram uma antena de patch empilhada multicamadas baseada em RIS com resultados de tamanho compacto, banda dupla e polarização circular. A gama de frequências e as larguras de banda percentuais são de 1,61% (1,235-1,255 GHz) para uma banda e 1,25% (1,585-1,605 GHz) para a segunda banda. As larguras de banda da relação axial de 3 dB da primeira e da segunda bandas são de 2% e 1,57%, respetivamente.

Agarwal et al. (2013) apresentaram uma antena de patch de polarização circular baseada em RIS com uma aplicação relacionada a um sistema de coleta de energia sem fio de 2,4 GHz altamente eficiente. O patch quadrado de canto truncado com fenda circular foi usado para tornar a antena circularmente polarizada e miniaturizada. Bernad e Jaeck (2013) investigaram e apresentaram uma matriz de baixo custo impressa em RIS e também relataram que o aumento da largura de banda é obtido na matriz com RIS. Verificaram também a existência de várias excitações de fase. Discutiram os diferentes espaçamentos entre os elementos e registaram um aumento da largura de banda de até 273%.

Zhigang et al. (2014) mostraram um novo slot assimétrico multi-modelo com antena impressa baseada em RIS. Tem estrutura CSRR MTM para alcançar a polarização circular direita e também multimodo foi obtido por duas camadas de patches circulares empilhados. Lu et al. (2014) apresentaram um novo design de antena com RIS que funcionou em frequência de banda dupla de polarização circular e aplicação olhando para o sistema de posição global (GPS) e sistemas de navegação por satélite Galileo. A técnica RIS melhorou o ganho e o tamanho. As suas frequências de funcionamento são 1,26 GHz e 1,57 GHz com larguras de banda de 38,9 MHz e 36,6 MHz, respetivamente.

2.1.1 ANTENA RIS DE CAMADA ÚNICA

A geometria da antena RIS de camada única é mostrada na Figura 2.1. É gravada uma placa de cobre sobre um substrato com uma permissividade ε_r =4,4 (FR-4) e uma altura (h_1). Uma camada RIS de cobre é gravada num substrato dielétrico ligado à terra com uma permissividade ε_r =4,4 (FR-4) e uma altura (h_2). Os diferentes parâmetros geométricos da mancha radiada são o comprimento da mancha 'P_1 ', a largura da mancha 'P_w ' e a espessura (0,035 mm).

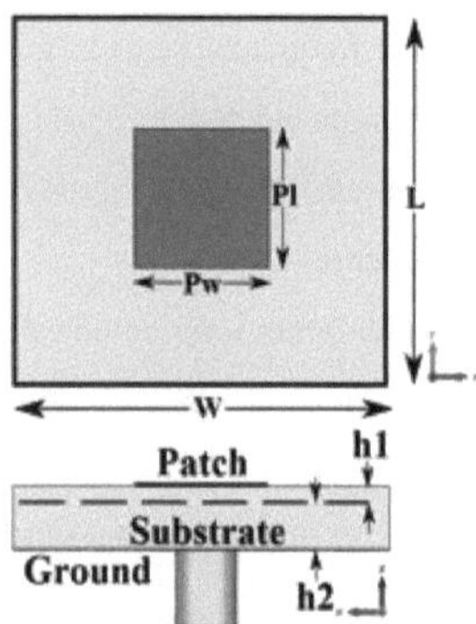

Figura 2.1. MPA com um único RIS

A descrição do fluxo de conceção da antena consiste na impressão da mancha na parte superior do substrato dielétrico de dupla camada, em que o plano de terra se encontra na parte inferior da estrutura e o RIS é impresso na interface entre as duas camadas dieléctricas FR4. A camada RIS é formada por um conjunto de células unitárias periódicas, sendo a célula unitária uma placa metálica quadrada impressa no substrato dielétrico ligado à terra. Uma sonda coaxial utiliza o dispositivo de alimentação na posição (x, y) no centro da mancha. A parte circular da camada RIS é removida para acomodar o conetor coaxial. Deste modo, a sonda de alimentação não entrará em contacto direto com as unidades RIS metálicas.

2.1.2 ANTENA DUAL LAYER RIS

A geometria da antena RIS de dupla camada é mostrada na Figura 2.2. É gravada uma placa radiada de cobre num substrato com permissividade ε_r =4,4 (FR-4) e altura (h_1). Uma camada-1 de RIS de cobre é gravada num substrato com permissividade ε_r =4,4 (FR-4) e altura (h_2). Uma camada-2 de RIS de cobre é gravada num substrato dielétrico ligado à terra com uma permissividade ε_r =4,4 (FR-4) e uma altura (h_3).

A descrição do fluxo de conceção da antena consiste na mancha radiada impressa no topo de um substrato dielétrico de camada tripla (FR-4) com espessuras de h_1 , h_2 , e h_3 em que a placa de terra se situa na parte inferior da estrutura e o RIS é impresso na interface entre as camadas dieléctricas FR-4. As camadas RIS são constituídas por um conjunto de placas quadradas de células unitárias metálicas impressas periodicamente ao longo dos eixos x e y. O dispositivo de alimentação é utilizado por uma sonda coaxial na posição (x, y) no centro da mancha. A parte circular da camada RIS é removida para acomodar o conetor coaxial. Deste modo, a sonda de alimentação não entrará em contacto direto com as unidades RIS metálicas.

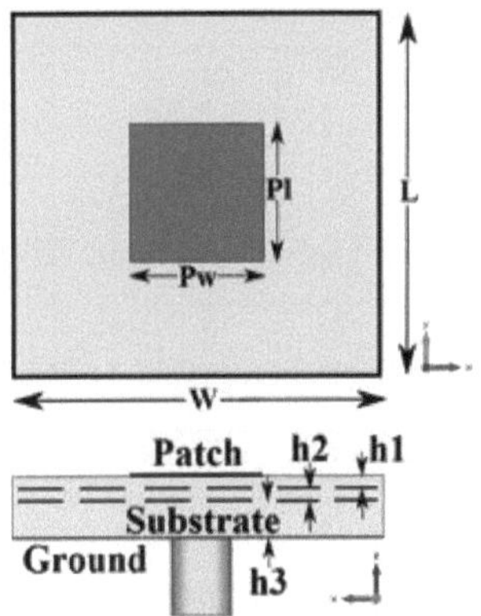

Figura 2.2. MPA com duas camadas RIS

A Figura 2.3 apresenta as características de reflexão simuladas das antenas convencionais, de camadas RIS simples e duplas, no ponto de alimentação selecionado, com parâmetros geométricos. Verifica-se que as antenas foram concebidas para uma frequência de ressonância de 2,4 GHz. Os valores do coeficiente de reflexão na frequência de ressonância são de -22 dB, -24 dB e -32 dB para as antenas convencionais, RIS simples e RIS dupla. A Tabela 2.1 contém os valores dimensionais das três antenas.

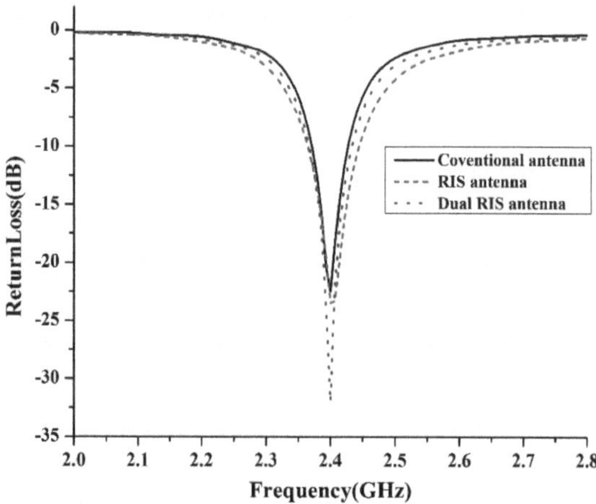

Figura 2.3. Comparação da perda de retorno entre o MPA, o RIS-MPA e o RIS-MPA duplo

Quadro 2.1. Valores dos parâmetros da MPA, da RIS-MPA e da RIS-MPA dupla

S.N.	Parâmetros (mm)	P_l	P_w	L	W	h_1	h_2	h_3
1	MPA	28.5	38.0	57	76	1,6 (espessura)		
2	RIS	25.6	25.6	40	40	0.4	3.2	--
3	RIS duplo	25	25	40	40	0.4	0.4	3.2

2.2 PARÂMETROS EFECTIVOS DO MATERIAL EXTRAÇÃO

Os materiais existentes na natureza apresentam propriedades electromagnéticas que estão disponíveis em princípio ou em teoria. Os cientistas e investigadores têm-se esforçado por investigar novos materiais que apresentem algumas propriedades particularmente desejadas. O nome MTM tem origem na palavra grega "meta", que significa "para além". Além disso, pela sua definição, os MTM não se encontram na natureza e são fabricados a partir de materiais naturais. Em regra, os MTM são constituídos por estruturas periódicas de sub-comprimento de onda com várias formas ou estruturas. Os MTMs EM são materiais construídos artificialmente que se destinam a interagir e a controlar as ondas EM em direção ao início do novo período.

Os MTMs EM são estruturas periódicas, essencialmente constituídas por elementos metálicos sobre um substrato dielétrico. As propriedades do material são também uma quantidade caraterística de interesse e podem ser calculadas com algum pós-processamento dos resultados da simulação, que inclui parâmetros S e parâmetros constitutivos do material, tais como o índice de refração (n), a impedância (z), a permissividade (ε) e a permeabilidade (μ).

2.2.1 PROPRIEDADES EFECTIVAS DO MATERIAL NO CASO SIMÉTRICO

Os parâmetros de dispersão são coeficientes de transmissão e reflexão de amplitude complexa (em contraste com os coeficientes de transmissão e reflexão de potência)

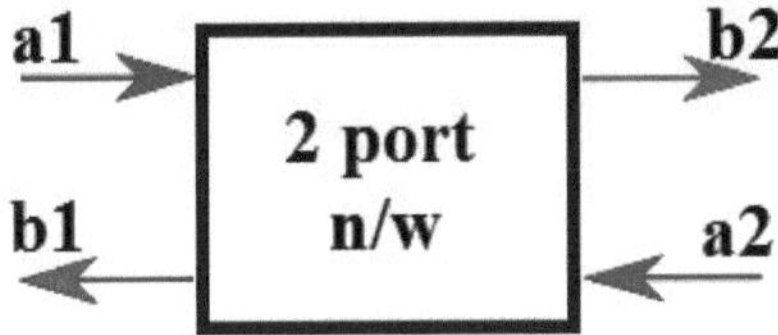

Figura 2.4. Rede de duas portas

Para dois sinais de entrada 'a₁ ' e 'a₂ ', as saídas 'b₁ ' e 'b₂ ' podem ser calculadas como.

$$\begin{pmatrix} b_1 \\ b_2 \end{pmatrix} = \begin{pmatrix} S_{11} & S_{12} \\ S_{21} & S_{22} \end{pmatrix} \begin{pmatrix} a_1 \\ a_2 \end{pmatrix}$$

(2.13)

"S_{11} " é o coeficiente de reflexão e "S_{21} " é o coeficiente de transmissão para uma incidência de "a₁ " e "S_{22} " é o coeficiente de reflexão e "S_{12} " é o coeficiente de transmissão para uma incidência de "a₂ ".

Foi seguido o procedimento descrito em Smith et al. (2005) e Szabo et al. (2010) para extrair os parâmetros efectivos do material a partir de medições do parâmetro S. Especificamente, a estratégia de acompanhamento aceita que o dispositivo continue simetricamente para a propagação para a frente e para trás.

Matematicamente, o índice de refração efetivo é dado por

$$n_{\mathit{eff}} = \frac{1}{kd} \cos^{-1}\left(\frac{1 - S_{11}^{2} + S_{21}^{2}}{2 S_{21}} \right)$$

(2.14)

A impedância efectiva é

$$z = \sqrt{\frac{\left(1 + S_{11}\right)^{2} - S_{21}^{2}}{\left(1 - S_{11}\right)^{2} - S_{21}^{2}}}$$

(2.15)

Uma vez obtidos o índice de refração efetivo e a impedância efectiva, é tudo menos difícil recuperar os parâmetros constitutivos, como a permissividade efectiva e a permeabilidade efectiva:

$$\varepsilon_{eff} = nz \qquad (2.16)$$

$$\mu_{eff} = \frac{n}{z} \qquad (2.17)$$

2.2.2 PROPRIEDADES EFECTIVAS DO MATERIAL NO CASO NÃO SIMÉTRICO

Esta secção fará uma breve revisão da técnica de cálculo das propriedades efectivas do material que se aplicam quando o dispositivo se move de forma contrastante nas direcções de propagação direta e inversa da fonte, ou seja, quando os parâmetros S_{11} não são equivalentes a S_{22}.

Neste caso não simétrico, as equações seguintes são semelhantes às Eq (2.16 e 2.17)

E podemos utilizar as seguintes equações para obter n e z:

$$\cos(nkd) = \frac{1}{2S_{21}}\left(1 - S_{11}S_{22} + S_{21}^{2}\right) \qquad (2.18)$$

$$z = \frac{(T_{22} - T_{11}) \pm \sqrt{(T_{22} - T_{11})^{2} + 4T_{12}T_{21}}}{2T_{21}} \qquad (2.19)$$

As estimativas da matriz T também podem ser determinadas a partir dos parâmetros S:

$$T_{11} = \frac{(1 + S_{11})(1 - S_{22}) + S_{21}S_{12}}{2S_{21}} \qquad (2.20)$$

$$T_{12} = \frac{(1 + S_{11})(1 + S_{22}) - S_{21}S_{12}}{2S_{21}} \qquad (2.21)$$

$$T_{21} = \frac{(1 - S_{11})(1 - S_{22}) - S_{21}S_{12}}{2S_{21}} \qquad (2.22)$$

$$T_{22} = \frac{(1 - S_{11})(1 + S_{22}) + S_{21}S_{12}}{2S_{21}} \qquad (2.23)$$

Tabela 2.2 Comparação da revisão da literatura

S.N.		Frequên cia (GHz)	Substra to	Reme ndo (mm $)^2$	Em geral (mm $)^2$	% Patch Miniatu ra	% Total Miniatur a
1.	Antena convencio nal	2.4	FR-4,4.4	30×3 9	60×60×1. 6	---	---
2.	Sarabandi et al. (2004)	1.9	6, 25	20×2 1	48×48×6	75.20	67.84
3.	Sarabandi et al. (2004)	2.54	Espum a, 1,06	70×4 5 Eshap e	92×115× 9	---	---
4.	Bernard et al. (2011)	2.3	10.2, 3.5	20.3× 20.3	100×100 ×7.5	66.12	---
5.	Agarwal et al. (2013)	2.58	FR-4, 4.4	22.6× 22.6	36×36×3. 7	47.14	66.47

A Tabela 2.2 mostra a comparação da antena baseada em RIS com uma antena convencional. Estas foram utilizadas para diferentes aplicações que requerem miniaturização e melhor BW.

Capítulo 3

Simulação e Análise de Células Unitárias Metamateriais

Este capítulo trata das células unitárias MTM, como os materiais MNG e ENG. A análise de simulação de diferentes células unitárias é efectuada e duas análises de características separadas das células unitárias são realizadas utilizando os seus parâmetros s.

3.1 MATERIAIS MU NEGATIVOS (MNG)

Os ressoadores de anel dividido (SRR) têm sido utilizados para conceber e fabricar materiais à esquerda (LHMs), uma vez que os SRRs fornecem a propriedade mu negativa (MNG) necessária, enquanto o meio de fio fornece a propriedade epsilon negativa (ENG). Os SRR foram apresentados pela primeira vez por Pendry et al. (1999) e a primeira verificação experimental do comportamento dos LH foi concluída por Smith et al. (2000) e Shelby et al. (2001). Em todo o caso, podem ser utilizados outros MNG, à semelhança dos ressonadores espirais (SRs), igualmente propostos pela primeira vez por Pendry, tendo o seu potencial sido estudado de forma experimental por Baena et al. (2004) e Derov et al. (2005). Na literatura encontram-se igualmente outras geometrias, como os círculos capacitivos empilhados (CLL) e as partículas de forma ómega (Ω) (Erentok et al., 2005; Simovski et al., 2003 e Huangfu et al., 2004).

3.1.1 CAMADA DE SINGLE

3.1.1.1 RESSONADOR DE ANEL DIVIDIDO (SRR) CÉLULA UNITÁRIA

Pendry et al. (1999) apresentaram as estruturas plasmónicas de tipo épsilon negativo (ENG) e mu negativo (MNG), que podem ser destinadas a ter a sua frequência plasmónica na gama das micro-ondas. Estas estruturas têm um tamanho médio de célula muito menor do que o comprimento de onda guiado e são, desta forma, estruturas semelhantes com sucesso, ou MTMs. A permeabilidade é apenas $\mu=\mu_0$, uma vez que não é produzido qualquer momento de dipolo magnético e não está disponível qualquer material magnético.

O MNG MTM é a estrutura metálica SRR apresentada na Figura 3.1. Se o campo magnético de excitação for oposto ao plano dos anéis (SRR), de modo a induzir correntes de ressonância no circuito (anéis) e criar momentos de dipolo magnético proporcionais. Este MTM apresenta uma função de frequência de permeabilidade de tipo plasmónico da forma

$$\mu_r(\omega) = 1 - \frac{F\omega^2}{\omega^2 - \omega_{0m}^2 + j\omega\zeta} \tag{3.1}$$

$$= 1 - \frac{F\omega^2(\omega^2 - \omega_{0m}^2)}{(\omega^2 - \omega_{0m}^2)^2 + (\omega\zeta)^2} + j\frac{F\omega^2\zeta}{(\omega^2 - \omega_{0m}^2)^2 + (\omega\zeta)^2} \tag{3.2}$$

Onde

$$F = \pi(a/p)^2,$$

ω_{0m} =frequência de ressonância magnética, sintonizável na gama dos GHz,

$$\omega_{0m} = c\sqrt{\frac{3p}{\pi \ln(2wa^3/\delta)}},$$

ζ= fator de amortecimento devido a perdas metálicas,

$$\zeta = 2pR'/a\mu_0,$$

p= tamanho da célula,

a= raio interior do anel mais pequeno,

w= largura dos anéis,

δ= espaçamento radial entre os anéis,

R'=resistência do metal por unidade de comprimento,

A metassuperfície MNG é um arranjo periódico de células unitárias; a análise numérica é difícil devido à conceção de uma célula unitária cuja dimensão é sub-comprimento de onda. A configuração da análise da célula unitária no espaço livre para extração de parâmetros e análise da fase de reflexão é apresentada a seguir.

3.1.1.1.1   ANÁLISE DO PARÂMETRO S

O SRR impresso em material dielétrico foi concebido e simulado com a ajuda do software de simulação 3D EM CST. O ressoador de anel dividido é designado por SRR-RIS. As condições de fronteira periódicas foram aplicadas a uma célula unitária composta apenas por uma célula unitária SRR, tendo dois lados com o condutor magnético perfeito (PMC) como condição de fronteira e os outros dois com um condutor elétrico perfeito (PEC). A configuração da análise da célula unitária no espaço livre para extração de parâmetros é apresentada na Figura 3.1. As características dos parâmetros s e os resultados da extração dos parâmetros constitutivos são apresentados na Figura 3.3

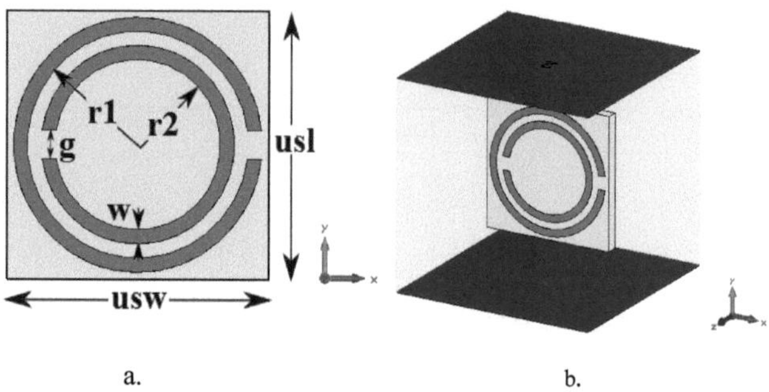

Figura 3.1. (a). Vista superior da célula unitária SRR, (b). Configuração da Simulação de Extração de Parâmetros S

3.1.1.1.2 ANÁLISE DA FASE DE REFLEXÃO

A célula unitária é constituída, de cima para baixo, por substrato, seguido de RIS, substrato seguinte e, finalmente, plano de terra. Os materiais utilizados na célula unitária são o substrato FR-4 com permissividade de 4,3, tangente de perda de 0,0012, o plano de terra e o RIS são de cobre. As dimensões de uma célula unitária em que a largura e o comprimento são iguais, a estrutura do SRR tem as dimensões indicadas por "r_1 ", "r_2 ", "w" e "g". As dimensões de uma célula unitária estão resumidas na Tabela 3.1. O modelo de elemento fixo para a célula unitária de um único SRR é especificado como um indutor de derivação fixo em paralelo com o condensador. A partir daqui, é evidente que a célula unitária única está sujeita à frequência de funcionamento, à indutância e à capacitância.

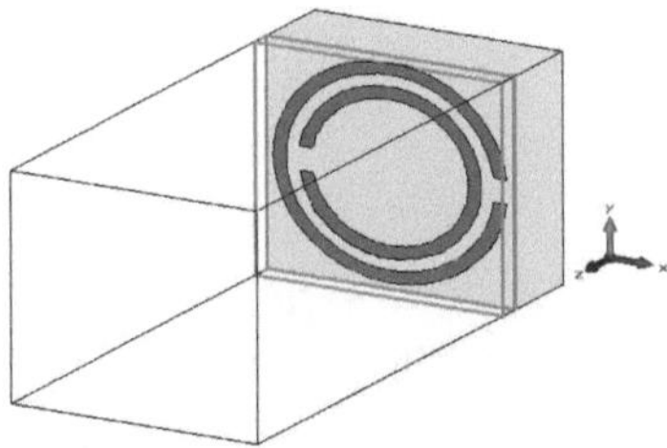

Figura 3.2. Configuração da simulação da análise das características da fase de reflexão para a
célula unitária SRR

As condições de fronteira são estudadas e apresentadas na Figura 3.2. As faces
superior e inferior (ao longo do eixo y) são assumidas como PEC, enquanto as faces
esquerda e direita (ao longo do eixo x) são assumidas como PMC, e a onda incidente
é passada sobre a célula unitária com esta assunção. O gráfico da fase de reflexão
versus frequência para o SRR-RIS é apresentado na Figura 3.4. A fase de reflexão
varia de - 180^0 a + 180^0 na gama de frequências de 0 a 4 GHz no caso da célula unitária
S-RIS.

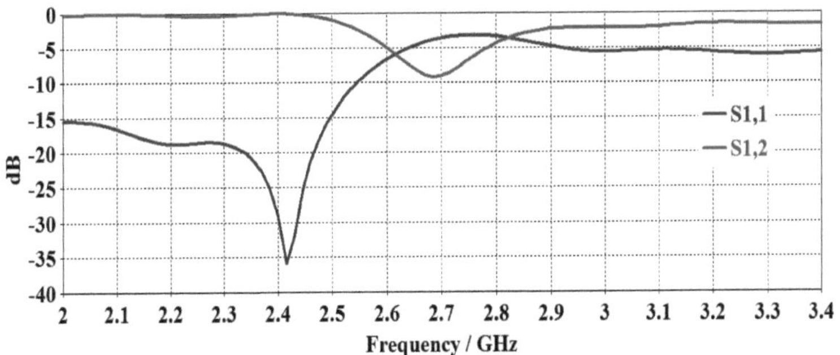

a.

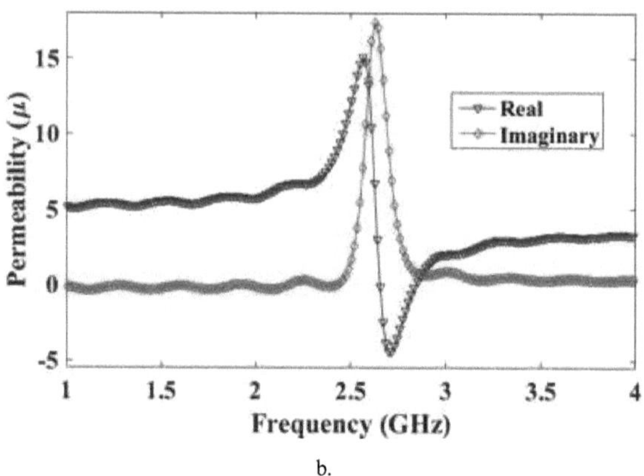

b.

Figura 3.3. (a). Parâmetros S, (b). Curvas características dos parâmetros constitutivos da célula unitária SRR-RIS

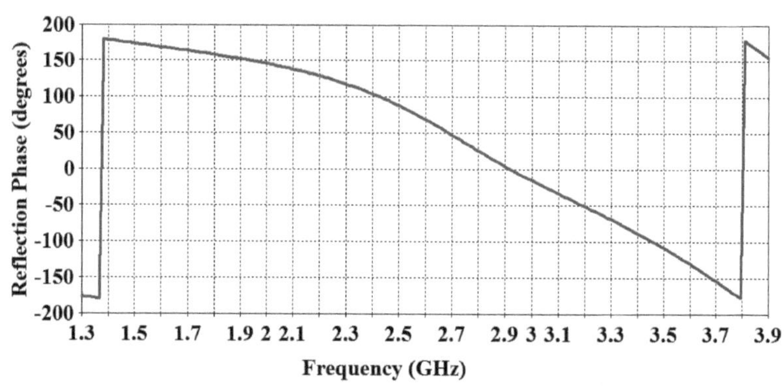

Figura 3.4. Curva das características da fase de reflexão da célula unitária SRR-RIS

Tabela 3.1. Valores paramétricos da célula unitária SRR-RIS

S.N.	Parâmetro	Valor (mm)	Parâmetro	Valor (mm)
1	r_1	3.18	h_1 , h_2	0.8
2	r_2	2.18	h_3	1.6
3	usw	8	w	0.5
4	usl	8	g	0.5

3.1.1.2 CÉLULA UNITÁRIA DE FORMA ÓMEGA

34

A análise da célula unitária Omega-RIS (O-RIS) é discutida nesta secção. O Omega-RIS é designado por O-RIS.

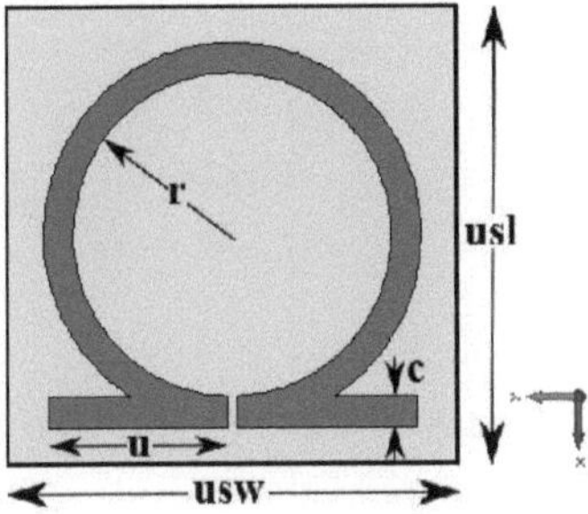

Figura 3.5. Vista superior da célula unitária O-RIS

As estruturas ómega podem ser investigadas concentrando-se na resposta em frequência das células unitárias ómega individuais. A célula unitária O-RIS é apresentada na figura 3.5. O aumento da gama de transmissão das células unitárias ómega pode ser atribuído à natureza ressonante destas estruturas. A célula unitária é constituída, de cima para baixo, por substrato, seguido de O-RIS, substrato seguinte e, finalmente, plano de terra. Os materiais utilizados na célula unitária são o substrato FR-4 com permissividade de 4,3, tangente de perda de 0,0012, o plano de terra e o RIS são de cobre. As condições de fronteira são semelhantes às da célula unitária SRR RIS. As condições de fronteira periódicas foram aplicadas a uma célula unitária constituída apenas por um Omega, tendo duas faces com uma PMC como condição de fronteira e as outras duas com uma PEC. As faces superior e inferior (ao longo do eixo y) são consideradas como PEC, enquanto as faces esquerda e direita (ao longo do eixo x) são assumidas como PMC, e a onda incidente é passada sobre a célula unitária com esta suposição.

As dimensões da largura e do comprimento da célula unitária são iguais, a estrutura do ómega tem dimensões denotadas por "r", "u" e "c", respetivamente. As dimensões da célula unitária são indicadas na tabela 3.2. As condições de fronteira são estudadas e ilustradas na figura 3.6. O gráfico da curva caraterística fase de reflexão versus frequência para o O-RIS é apresentado na Figura 3.8. A fase de reflexão varia de -180^0 a + 180^0 na gama de 0 a 3,8 GHz. As características dos parâmetros constitutivos são apresentadas na Figura 3.7.

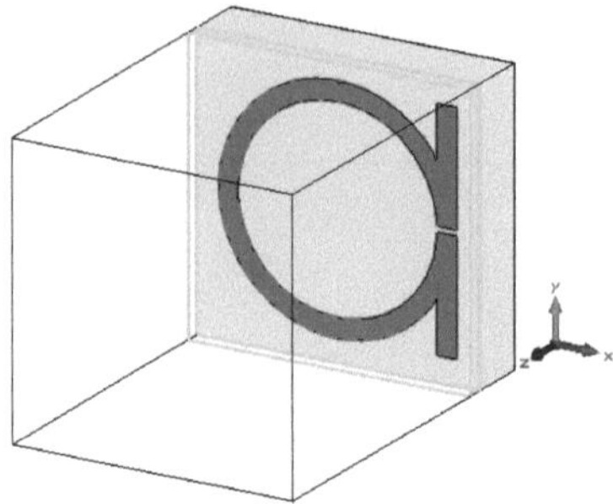

Figura 3.6. Configuração da simulação da análise das características da fase de reflexão da célula unitária Omega

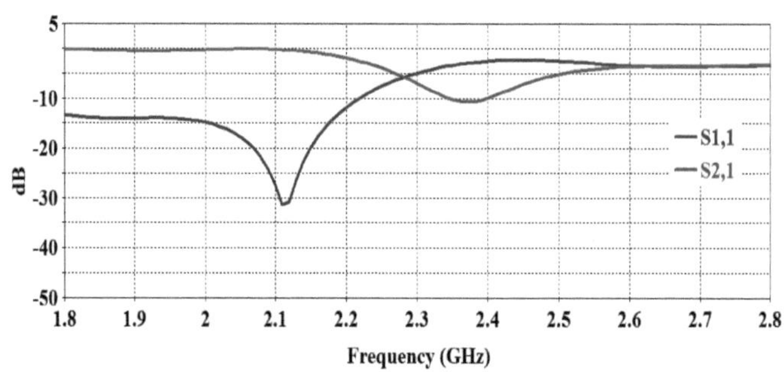

a.

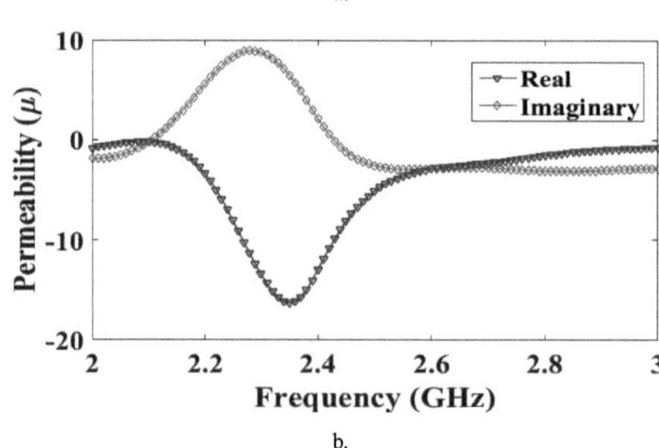

b.

Figura 3.7. (a). Parâmetros S, (b) Curvas características dos parâmetros constitutivos para a célula unitária Omega

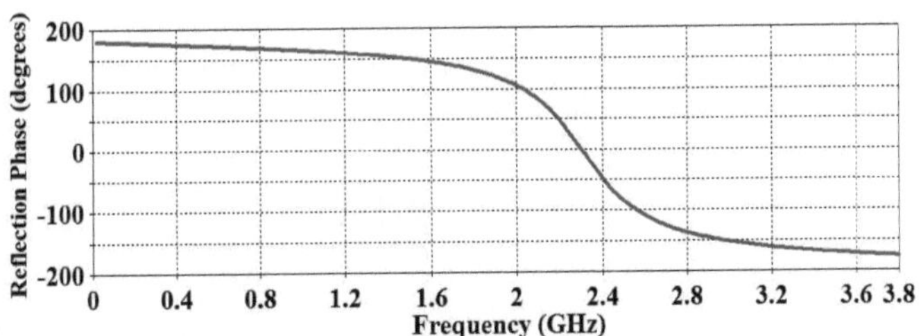

Figura 3.8. Curva caraterística da fase de reflexão da célula unitária Omega

Tabela 3.2. Valores paramétricos da célula unitária do O-RIS

S.N.	Parâmetro	Valor (mm)	Parâmetro	Valor (mm)
1.	r	5.3	h_1	0.8
2.	u	6	h_2	0.8
3.	usw	12.8	c	1
4.	usl	12.8		

3.1.1.3 CÉLULA UNITÁRIA EM FORMA DE H

A análise da célula unitária RIS em forma de H é analisada na presente secção e designada por H-RIS.

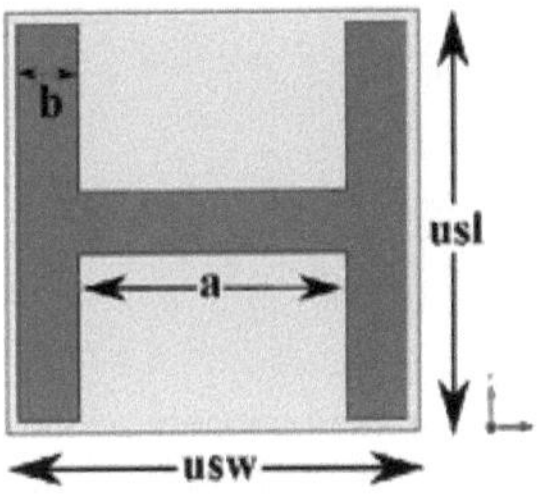

Figura 3.9. Vista superior da célula unitária H-RIS

A célula unitária H-RIS é apresentada na figura 3.9. A célula unitária é composta, de cima para baixo, por um substrato, seguido da camada H-RIS, do substrato seguinte e, finalmente, da placa de massa. Os materiais utilizados na conceção da célula unitária são o substrato FR-4 com permissividade de 4,3, perda tangente de 0,0012, o solo e a camada H-RIS são de cobre. As dimensões da largura (usw) e do comprimento (usl) da célula unitária são iguais, tendo a estrutura em forma de "H" as dimensões indicadas como "a" e "b". As dimensões da célula unitária são indicadas na Tabela 3.3. As

37

condições de fronteira periódicas foram aplicadas a uma célula unitária que compreende apenas uma forma de H, tendo dois lados com uma PMC como condição de fronteira e os outros dois com uma PEC.

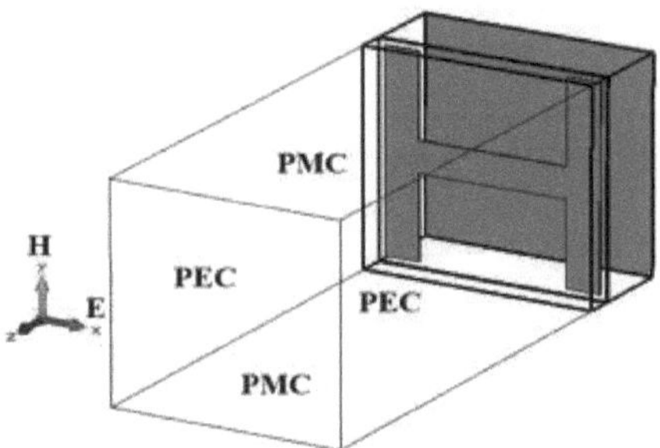

Figura 3.10. Configuração da simulação da análise das características da fase de reflexão da célula unitária H-RIS

As condições de fronteira são estudadas e apresentadas na Figura 3.10. As faces superior e inferior são assumidas como PMC, enquanto as faces esquerda e direita são assumidas como PEC, e a onda incidente é passada sobre a célula unitária com esta assunção. A fase de reflexão varia de - 180^0 a + 180^0 na gama de 0 a 4,8 GHz (Figura 3.11).

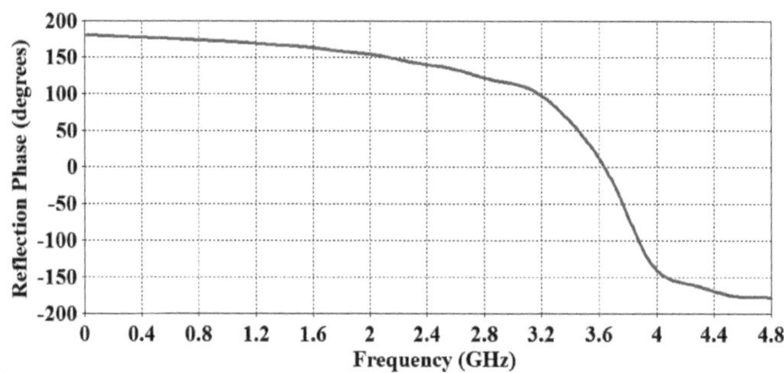

Figura 3.11. Curva das características da fase de reflexão da célula unitária H-RIS

Tabela 3.3. Valores paramétricos da célula unitária H-RIS

S.N.	Parâmetros	Valores (mm)	Parâmetros	Valores (mm)
1	h_1	0.8	b	1
2	h_2	2.4	usl	6.4
3	a	4.4	usw	6.4

3.1.1.4 CÉLULA UNITÁRIA DE RESSONADOR EM ESPIRAL QUADRADA

A análise da célula unitária RIS em forma de ressoador espiral quadrado (SSR-RIS) é analisada nesta secção e designada por SSR-RIS

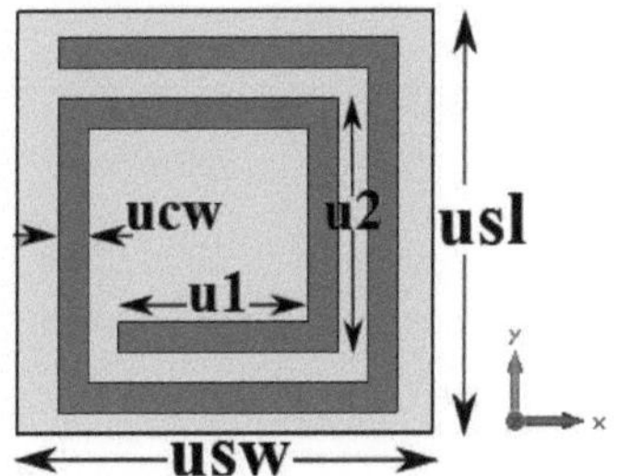

Figura 3.12. Vista superior da célula unitária SSR-RIS

A célula unitária SSR-RIS é apresentada na figura 3.12. A célula unitária é composta, de cima para baixo, por um substrato, seguido da camada RIS, do substrato seguinte e, finalmente, da placa de massa. Os materiais utilizados na célula unitária são o substrato FR-4, com permissividade de 4,3 e tangente de perda de 0,0012, e o solo e o RIS são de cobre. As dimensões da largura e do comprimento da célula unitária são iguais, tendo a estrutura do ressoador em espiral quadrada as dimensões indicadas como "s", "u1", "u2", "ucw", "usl" e "usw", respetivamente. As dimensões das células unitárias são indicadas na Tabela 3.4.

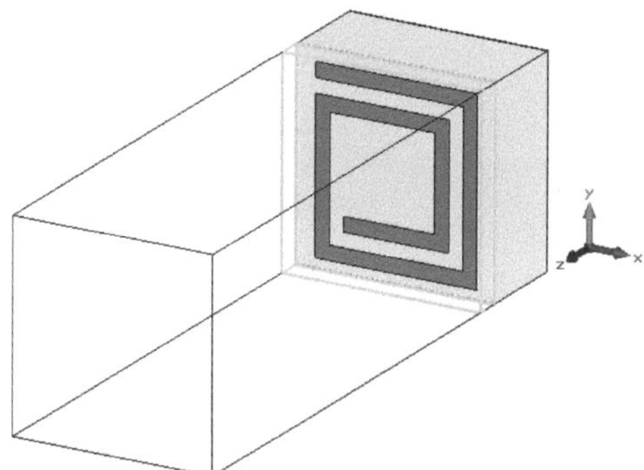

Figura 3.13. Configuração da simulação da análise da fase de reflexão da célula unitária SSR-RIS

As condições de fronteira são estudadas e apresentadas na Figura 3.13. As faces superior e inferior (ao longo do eixo y) são assumidas como PEC, enquanto as faces esquerda e direita (ao longo do eixo x) são assumidas como PMC, e a onda incidente é passada sobre a célula unitária com esta assunção. O gráfico da fase de reflexão versus frequência para o SSR-RIS é apresentado na Figura 3.15. A fase de reflexão varia de - 180^0 a + 180^0 na gama de frequências de 0 a 4 GHz no caso da célula unitária SSR-RIS. As características dos parâmetros constitutivos são apresentadas na Figura 3.14.

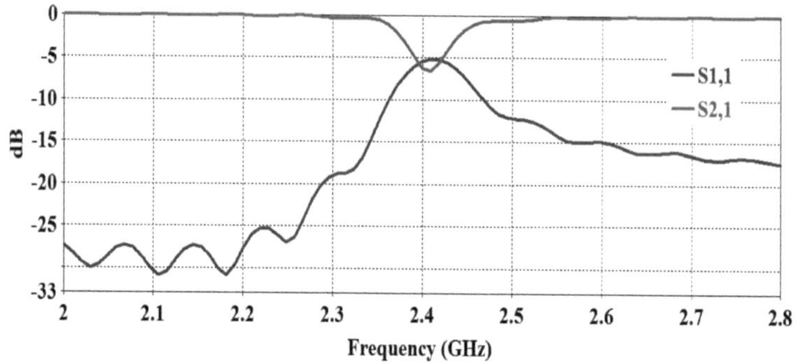

a.

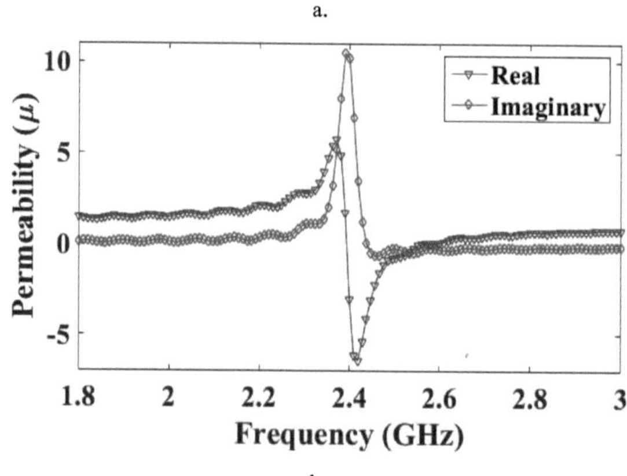

b.

Figura 3.14. (a). Parâmetros S, (b) Curvas características dos parâmetros constitutivos da célula unitária SSR

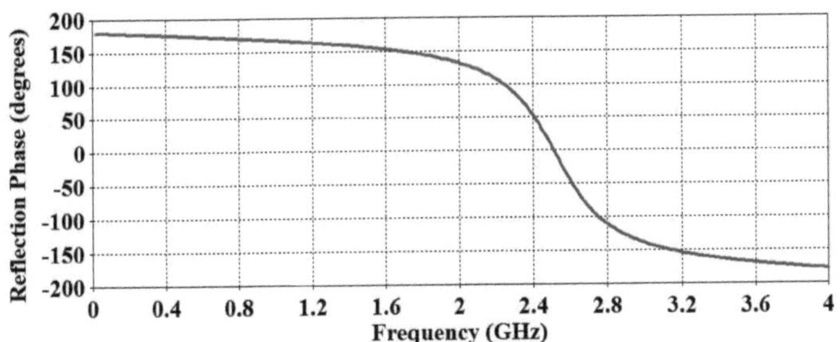

Figura 3.15. Curva das características da fase de reflexão da célula unitária SSR-RIS

Tabela 3.4. Valores paramétricos da célula unitária SSR-RIS

S.N.	Parâmetro	Valor (mm)	Parâmetro	Valor (mm)
1.	u1	3.2	h1	0.8
2.	u2	4.2	h2	2.4
3.	usw	7	ucw	0.5
4.	usl	7		

3.1.1.5 CÉLULA UNITÁRIA DE RESSOADOR EM ESPIRAL CIRCLE (CSR)

A análise da célula unitária RIS em forma de ressoador em espiral circular é analisada nesta secção e designada por CSR-RIS.

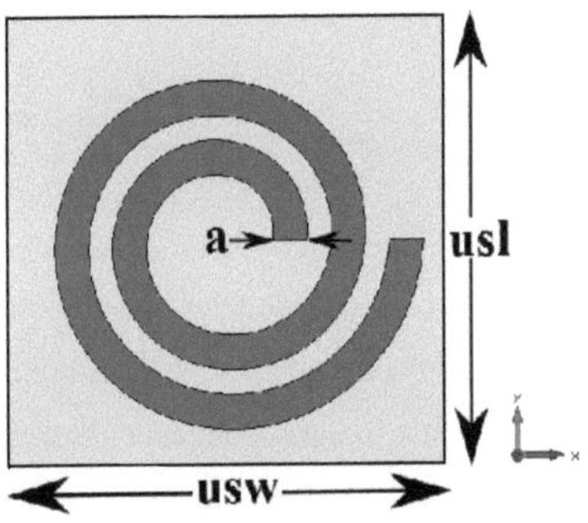

Figura 3.16. Vista superior da célula unitária CSR-RIS

A célula unitária CSR-RIS é apresentada na figura 3.16. A célula unitária é composta, de cima para baixo, por um substrato, seguido de uma camada RIS, depois o substrato seguinte e, por fim, a placa de massa. Os materiais utilizados na célula unitária são o substrato FR-4 com uma permissividade de 4,3 e uma tangente de perda

41

de 0,0012, o solo e o RIS são de cobre. As dimensões da largura e do comprimento de uma célula unitária são iguais, tendo a estrutura do ressoador em espiral quadrada as dimensões indicadas como "a", "usl" e "usw". As dimensões da célula unitária são indicadas no quadro 3.5.

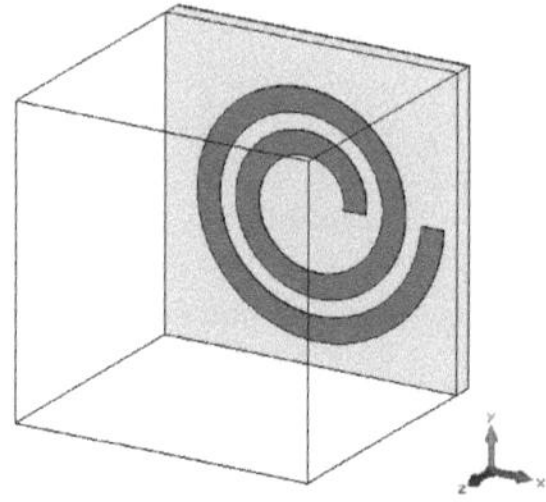

Figura 3.17. Configuração da simulação da análise da fase de reflexão da célula unitária CSR-RIS

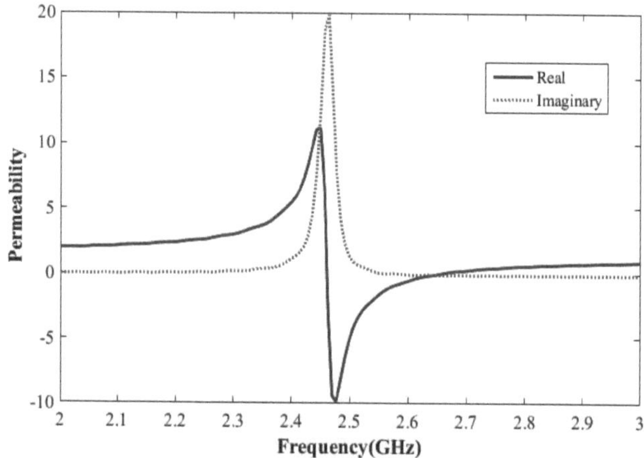

Figura 3.18. Curvas características dos parâmetros constitutivos para a célula unitária CSR

As faces superior e inferior (ao longo do eixo y) são atribuídas como PEC, enquanto as faces esquerda e direita (ao longo do eixo x) são assumidas como PMC, e a onda incidente é passada sobre a célula unitária com esta assunção. O gráfico da fase de reflexão versus frequência para o CSR-RIS é apresentado na Figura 3.19. A fase de reflexão varia de - 180^0 a + 180^0 na gama de frequências de 0 a 3,6 GHz no caso da célula unitária CSR-RIS. As características dos parâmetros constitutivos são apresentadas na Figura 3.18.

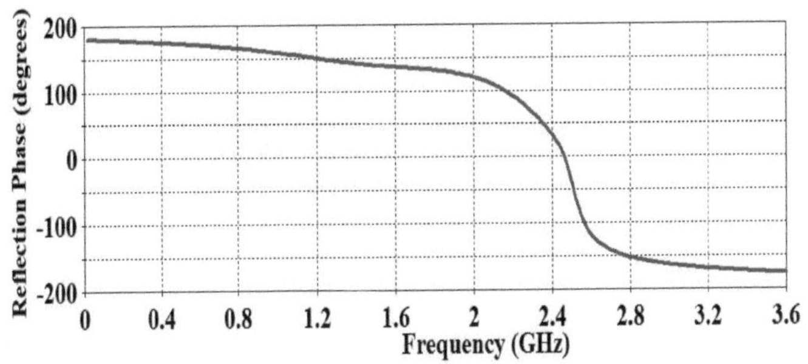

Figura 3.19. Curva das características da fase de reflexão da célula unitária CSR-RIS

Tabela 3.5. Valores paramétricos da célula unitária CSR-RIS

S.N.	1	2	3	4	5	6
Parâmetros	usl	usw	e	h_1	h_2	h_3
Valores (mm)	9.2	9.2	0.8	0.4	0.4	1.6

3.1.2 DUPLA CAMADA

3.1.2.1 SRR DE CAMADA DUPLA (DSRR)

A análise da célula unitária RIS do ressoador de anel duplo dividido é analisada nesta secção e designada por DSRR-RIS.

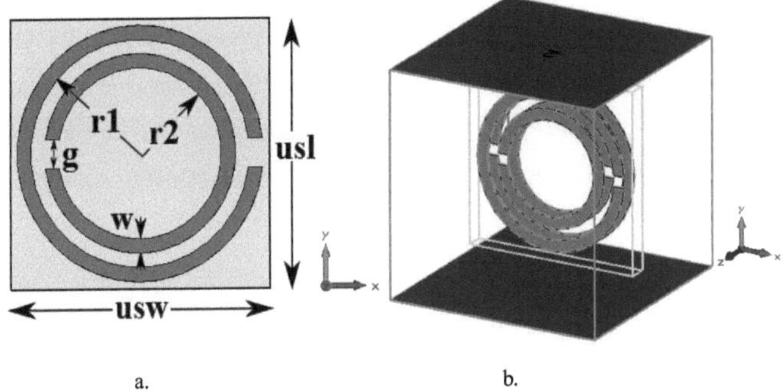

Figura 3.20. (a). Vista superior da célula unitária DSRR-RIS, (b). Configuração da simulação de extração de parâmetros S

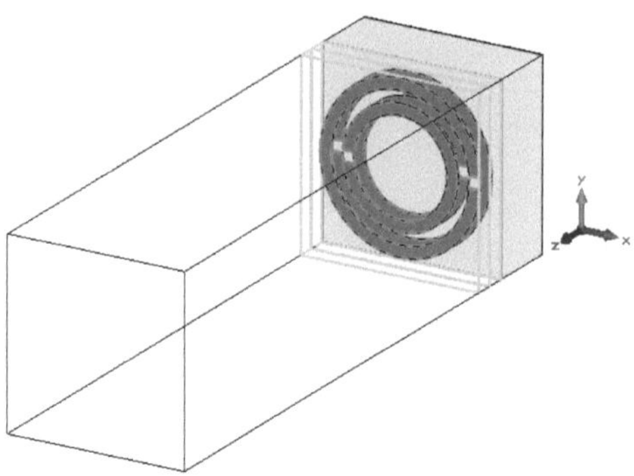

Figura 3.21. Configuração da simulação da análise da fase de reflexão da célula unitária DSRR-RIS

A célula unitária é composta, de cima para baixo, por um substrato seguido de um RIS, o substrato seguinte, novamente um RIS e, por fim, uma placa de massa. Os materiais utilizados na célula unitária são o substrato FR-4 com permissividade de 4,3, tangente de perda de 0,0012, o plano de terra e o RIS são de cobre. A largura e o comprimento da célula unitária são iguais, tendo a estrutura do DSRR as dimensões denotadas por "r_1 ", "r_2 ", "w" e "g". As dimensões da célula unitária são indicadas na Tabela 3.6.

As faces superior e inferior (ao longo do eixo y) são assumidas como PEC, enquanto as faces esquerda e direita (ao longo do eixo x) são assumidas como PMC, e a onda incidente é passada sobre a célula unitária com esta hipótese (Figura 3.21). O gráfico da fase de reflexão versus frequência para o DSRR-RIS é apresentado na Figura 3.23. A fase de reflexão varia de - 180^0 a + 180^0 na gama de frequências de 0 a 3,8 GHz no caso da célula unitária DSRR-RIS. As características dos parâmetros constitutivos são apresentadas na Figura 3.22.

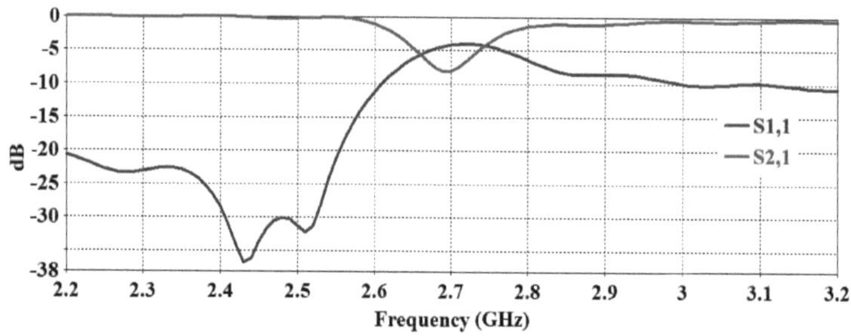

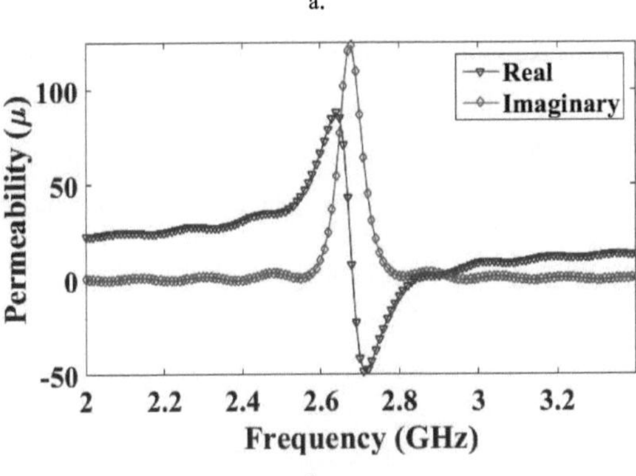

Figura 3.22. (a). Parâmetro S (b). Curvas características dos parâmetros constitutivos da célula unitária DSRR

Tabela 3.6. Valores paramétricos da célula unitária DSRR-RIS

S.N.	Parâmetro	Valor (mm)	Parâmetro	Valor (mm)
1.	r1	3.18	h1,h2	0.8
2.	r2	2.18	h3	1.6
3.	usw	8	w	0.5
4.	usl	8	b	7.4
5.	g	0.5	a	7.7

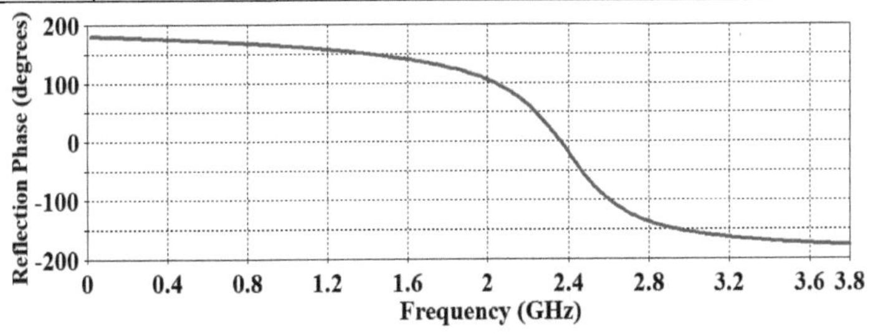

Figura 3.23. Curva das características de fase de reflexão da célula unitária DSRR-RIS

3.1.2.2 FORMA DUPLA OMEGA (DO-RIS)

A análise da célula unitária Omega-RIS dupla (DO-RIS) é discutida nesta secção. As características dos parâmetros constitutivos são apresentadas na Figura 3.24. As condições de fronteira são estudadas e ilustradas na Figura 3.25. As faces superior e

45

inferior (ao longo do eixo y) são assumidas como PEC, enquanto as faces esquerda e direita (ao longo do eixo x) são assumidas como PMC, e a onda incidente passa sobre a célula unitária com esta hipótese. A largura e o comprimento da célula unitária são iguais, a estrutura do Omega tem dimensões denotadas por "r", "u" e "c", respetivamente. As dimensões das células unitárias são indicadas na Tabela 3.7.

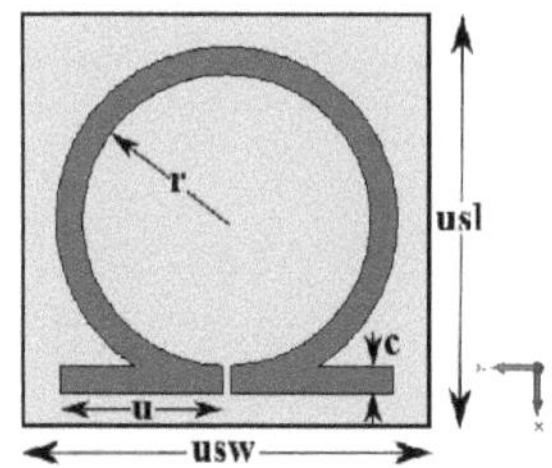

Figura 3.24. Vista superior da célula da unidade DO-RIS

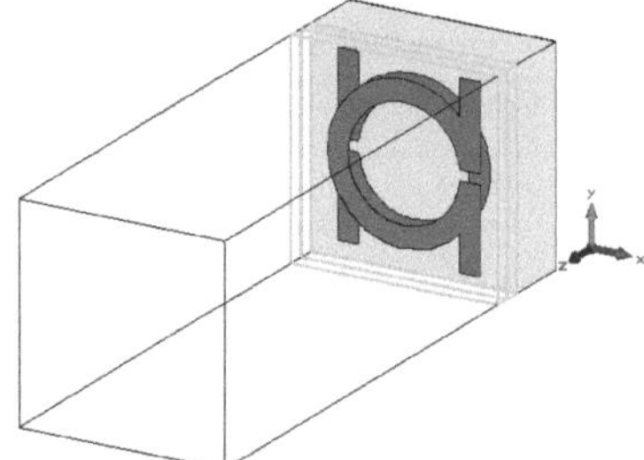

Figura 3.25. Configuração da simulação da análise da fase de reflexão da célula unitária DO-RIS

A célula unitária do DO-RIS é apresentada na figura 3.24. A célula unitária é composta, de cima para baixo, por um substrato, seguido do DO-RIS, do substrato seguinte e, finalmente, da placa de massa. Os materiais utilizados na célula unitária são o substrato FR-4, com permissividade de 4,3 e tangente de perda de 0,0012, e o plano de terra e o RIS são de cobre. Foram aplicadas condições de fronteira periódicas a uma célula unitária composta apenas por um Omega, tendo dois lados com uma PMC como condição de fronteira e os outros dois com uma PEC.

O gráfico da curva caraterística fase de reflexão versus frequência para o DO-RIS é apresentado na Figura 3.27. A fase de reflexão varia de - 180^0 a + 180^0 na gama de 0 a 3,6 GHz. As características dos parâmetros constitutivos são apresentadas na Figura 3.26.

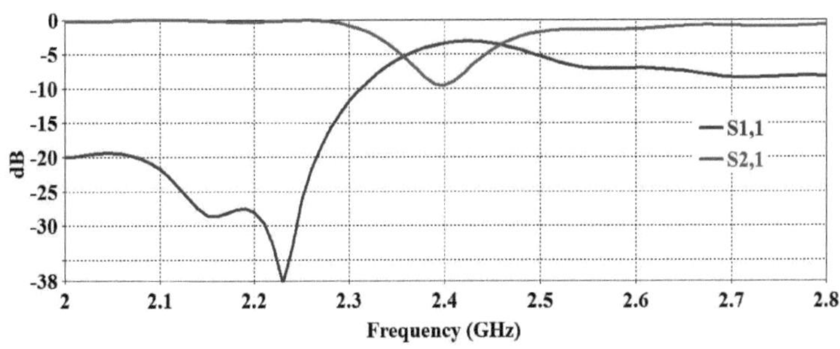

a.

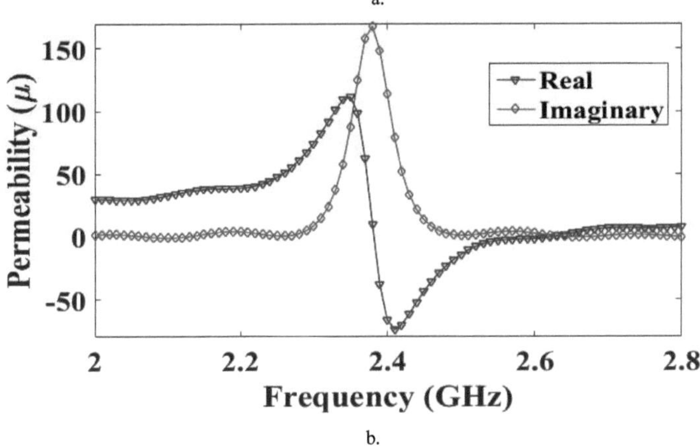

b.

Figura 3.26. (a). Parâmetros S, (b) Curvas características dos parâmetros constitutivos para a célula unitária DO

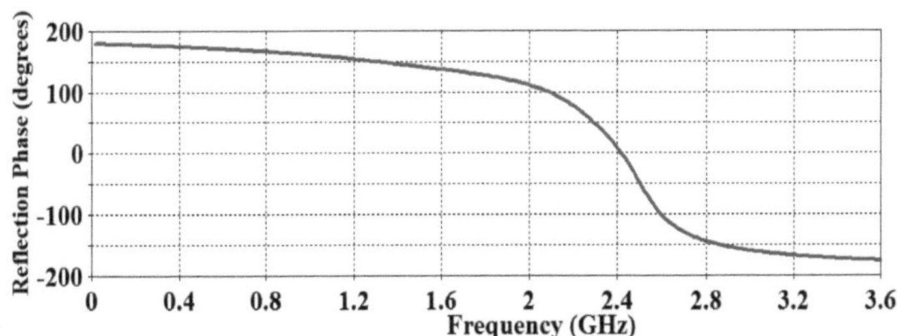

Figura 3.27. Curva das características da fase de reflexão da célula unitária DO-RIS

Tabela 3.7. Valores paramétricos da célula unitária DO-RIS

S.N.	Parâmetro	Valor (mm)	Parâmetro	Valor (mm)

1.	r	2.11	h1,h2	0.8
2.	u	3.92	h3	2.4
3.	usw	8	b	8.8
4.	usl	8	a	7.8
5.	c	1		

3.1.2.3 DUAL H-SHAPE RIS (DH-RIS)

A análise da célula unitária RIS de forma H dupla (DH-RIS) é analisada nesta secção. A célula unitária DH-RIS é apresentada na figura 3.28.

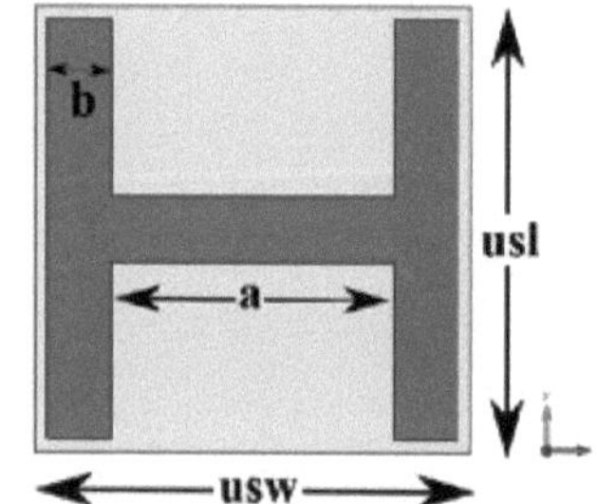

Figura 3.28. Vista superior da célula unitária DH-RIS

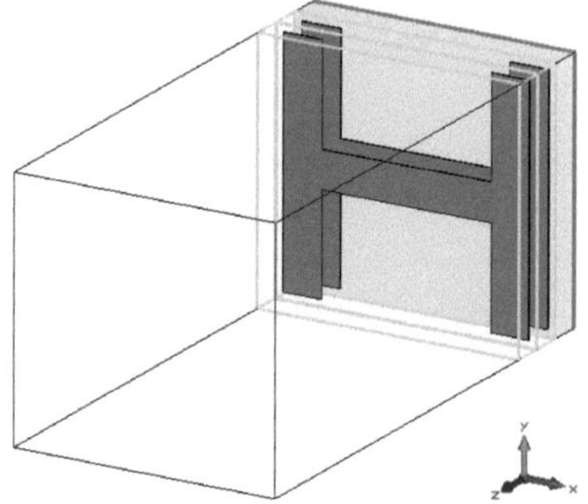

Figura 3.29. Configuração da simulação da análise da fase de reflexão da célula unitária DH-RIS

A célula unitária é composta, de cima para baixo, por um substrato, seguido da camada DH-RIS, do substrato seguinte, de novo da camada DH-RIS e, finalmente, do plano de terra. Os materiais utilizados na conceção da célula unitária são o substrato FR-4 com permissividade de 4,3, perda tangente de 0,0012, o solo e a camada H-RIS são de cobre. A largura e o comprimento da célula unitária são iguais, sendo a estrutura em forma de H com as dimensões indicadas como "a" e "b" (Quadro 3.8). Foram aplicadas condições de fronteira periódicas a uma célula unitária que compreende apenas uma forma de H, tendo dois lados com uma PMC como condição de fronteira e os outros dois com uma PEC.

As condições de fronteira são estudadas (Figura 3.29). As faces superior e inferior são assumidas como PMC, enquanto as faces esquerda e direita são assumidas como PEC, e a onda incidente é passada sobre a célula unitária com esta hipótese. A fase de reflexão varia de - 180^0 a + 180^0 na gama de 0 a 3,5 GHz (Figura 3.30).

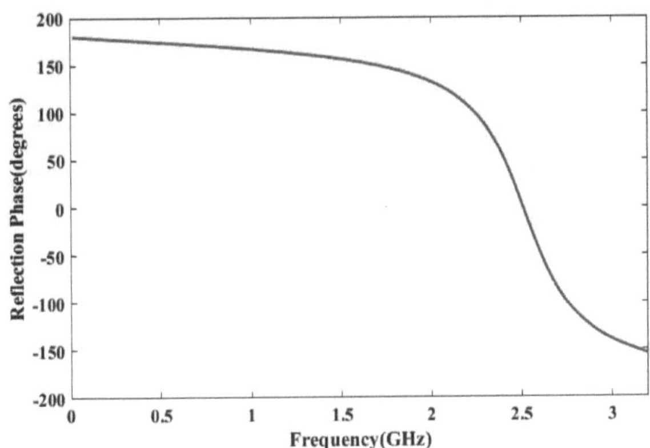

Figura 3.30. Curva das características da fase de reflexão da célula unitária DH-RIS

Tabela 3.8. Valores paramétricos da célula unitária DH-RIS

S.N.	Parâmetros	Valores (mm)	Parâmetros	Valores (mm)
1	h_1	0.8	b	1
2	h_2	2.4	usl	6.4
3	a	4.4	usw	6.4

3.1.2.4 RESSONADOR DE ESPIRAL QUADRADA DUPLA (DSSR-RIS)

A análise da célula unitária RIS em forma de ressoador espiral duplo (DSSR-RIS) é analisada nesta secção (Figura 3.31). As características dos parâmetros constitutivos são apresentadas na Figura 3.33.

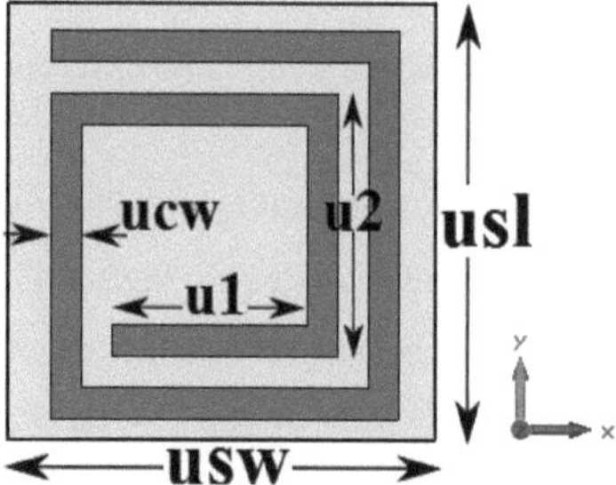

Figura 3.31. (a). Vista superior da célula unitária DSSR-RIS, (b). Configuração da simulação da extração de parâmetros S

A célula unitária é composta, de cima para baixo, por um substrato, seguido da camada RIS, do substrato seguinte, de novo da camada RIS e, por fim, da placa de massa. Os materiais utilizados na célula unitária são o substrato FR-4 com uma permissividade de 4,3 e uma tangente de perda de 0,0012, o plano de terra e o RIS são de cobre. Se a largura e o comprimento da célula unitária forem iguais, a estrutura do ressoador em espiral quadrada tem as dimensões indicadas por "s", "u_1 ", "u_2 ", "ucw", "usl" e "usw", respetivamente (quadro 3.9).

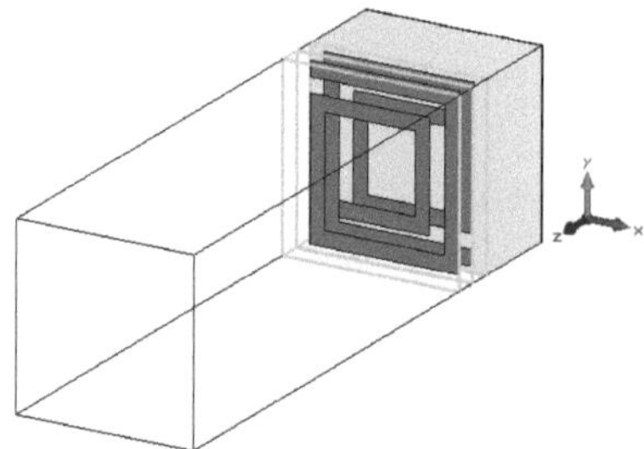

Figura 3.32. Configuração da simulação da análise da fase de reflexão da célula unitária DSSR-RIS

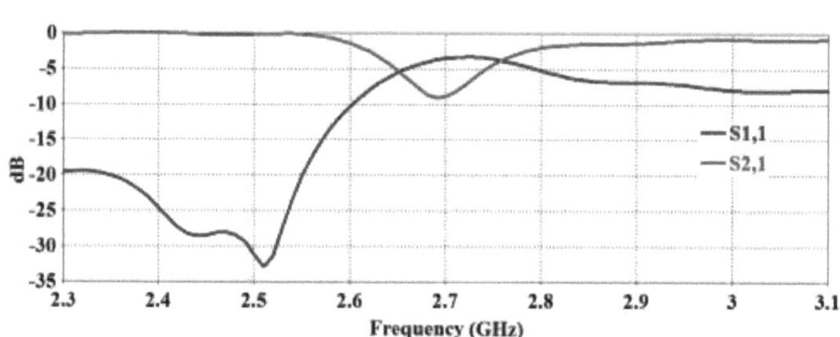

50

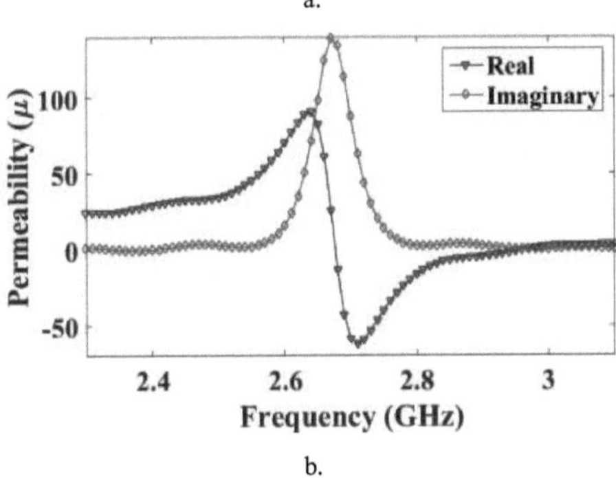

Figura 3.33. (a). Parâmetros S, (b) Curvas características dos parâmetros constitutivos da célula unitária DSSR

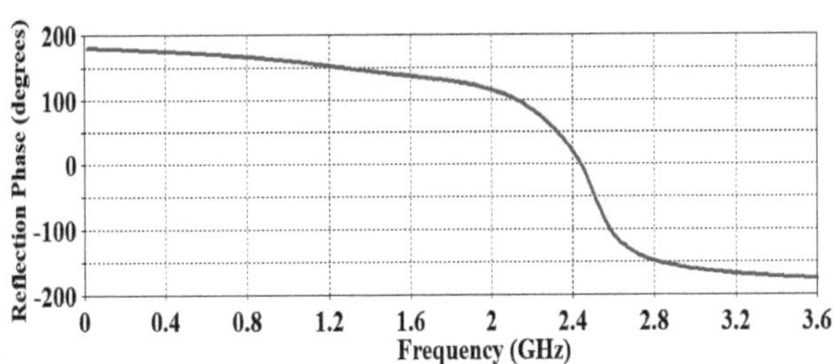

Figura 3.34. Curva das características de fase de reflexão da célula unitária DSSR-RIS

Tabela 3.9. Valores paramétricos da célula unitária DSSR-RIS

S.N.	Parâmetro	Valor (mm)	Parâmetro	Valor (mm)
1.	u_1	3.2	h_1 ,h_2	0.8
2.	u_2	4.2	h_3	2.4
3.	usw	7	ucw	0.5
4.	usl	7		

São estudadas as condições de fronteira. As faces superior e inferior (ao longo do eixo y) são assumidas como PEC, enquanto as faces esquerda e direita (ao longo do eixo x) são assumidas como PMC, e a onda incidente é passada sobre a célula unitária com esta assunção. O gráfico da fase de reflexão versus frequência para o DSSR-RIS é apresentado na Figura 3.33. A fase de reflexão varia de - 180^0 a + 180^0 na gama de frequências de 0 a 3,2 GHz no caso da célula unitária DSSR-RIS.

3.1.2.5 RESSONADOR ESPIRAL DE CÍRCULO DUPLO (DCSR-RIS)

A análise da célula unitária RIS em forma de ressoador espiral de círculo duplo (DCSR-RIS) é analisada nesta secção (figura 3.35). A célula unitária é composta, de cima para baixo, por um substrato, seguido da camada RIS, do substrato seguinte, de novo da camada RIS e, por fim, da placa de massa. Os materiais utilizados na célula unitária são o substrato FR-4, com permissividade de 4,3 e tangente de perda de 0,0012, e o solo e o RIS são de cobre. A largura e o comprimento da célula unitária são iguais, a estrutura do ressoador em espiral quadrada tem as dimensões indicadas em "a" (quadro 3.10).

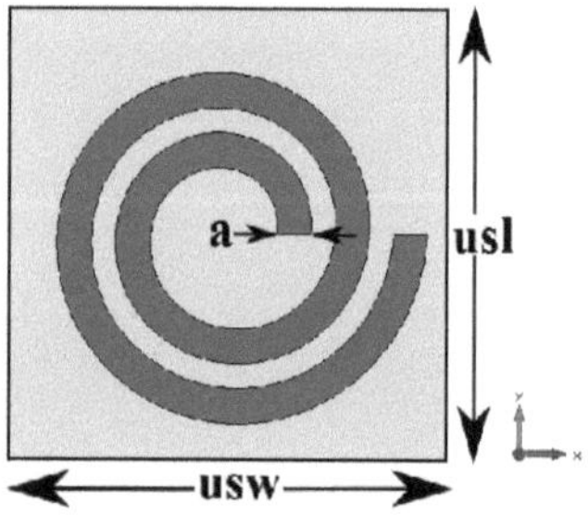

Figura 3.35. Vista superior da célula unitária DCSR-RIS

São estudadas as condições de fronteira. As faces superior e inferior (ao longo do eixo y) são assumidas como PEC, enquanto as faces esquerda e direita (ao longo do eixo x) são assumidas como PMC, e a onda incidente é passada sobre a célula unitária com esta hipótese. O gráfico da fase de reflexão versus frequência para o DCSR-RIS é apresentado na Figura 3.38. A fase de reflexão varia de - 180^0 a + 180^0 na gama de frequências de 0 a 4,5 GHz no caso da célula unitária DCSR-RIS. As características dos parâmetros constitutivos são apresentadas na Figura 3.37.

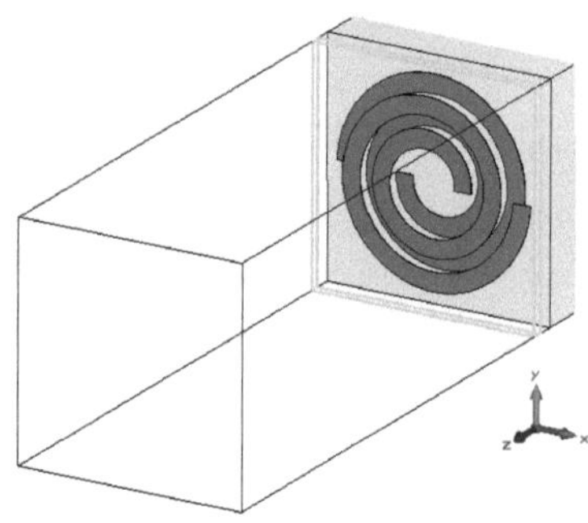

Figura 3.36. Configuração da simulação da análise da fase de reflexão da célula unitária DCSR-RIS

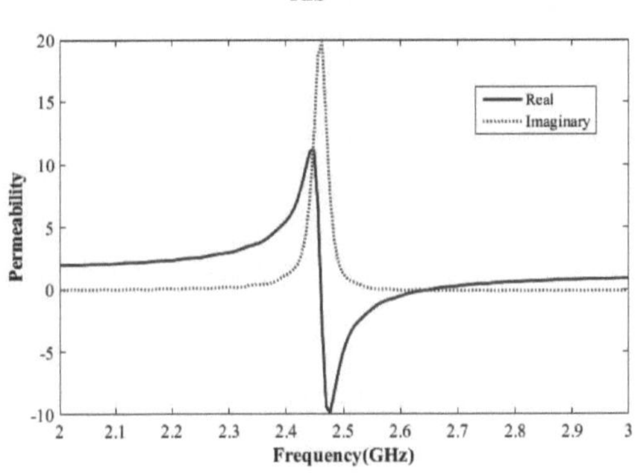

Figura 3.37. Curvas características dos parâmetros constitutivos para a célula unitária DCSR

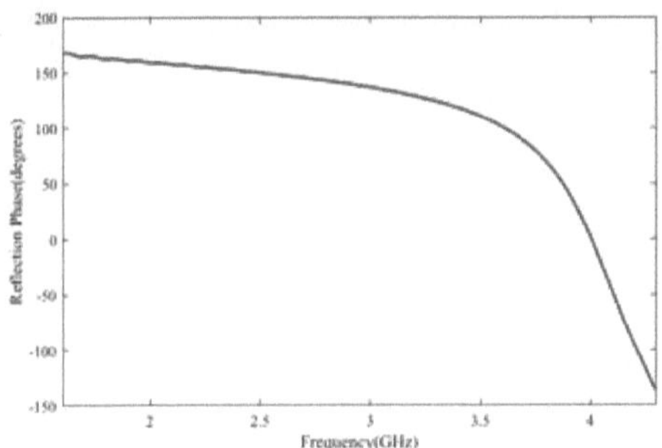

Figura 3.38. Curva das características da fase de reflexão da célula unitária DCSR-RIS

Tabela 3.10 Valores paramétricos da célula unitária H-RIS

S.N.	1	2	3	4	5	6
Parâmetros	usl	usw	e	h_1	h_2	h_3
Valores (mm)	9	9	0.7	0.4	0.4	1.6

3.2 MATERIAIS NEGATIVOS EPSILON (ENG)

Pendry et al. (1999) apresentaram a estrutura ENG de tipo plasmónico, que pode ser destinada a ter a sua frequência plasmónica na gama das micro-ondas. O ENG MTM é a estrutura metálica de fio fino. Estas estruturas têm um tamanho médio de célula muito menor do que o comprimento de onda guiado e são, desta forma, estruturas semelhantes a outros MTMs. Se o campo elétrico de excitação for paralelo

53

ao eixo dos fios, de modo a induzir uma corrente nos mesmos e a gerar momentos de dipolo elétrico equivalentes, este MTM apresenta uma função de frequência de permissividade do tipo plasmónico da forma

$$\varepsilon_r(\omega) = 1 - \frac{\omega_{pe}^2}{\omega^2 + j\omega\zeta} \tag{3.3}$$

$$= 1 - \frac{\omega_{pe}^2}{\omega^2 + \zeta^2} + j\frac{\zeta\omega_{pe}^2}{\omega(\omega^2 + \zeta^2)} \tag{3.4}$$

Onde

$\omega_{pe} = \sqrt{2\pi c^2 / \left[p^2 \ln(p/a) \right]}$ (Frequência do plasma elétrico, sintonizável na gama dos GHz)

c = velocidade da luz,

a = raio dos fios

$\zeta = \varepsilon_0 (p\omega_{pe}/a)^2 / \pi\sigma$

(σ = condutividade do metal) é um fator de amortecimento devido a perdas metálicas.

3.2.1 CAMADA DE SINGLE CÉLULAS UNIDAS

3.2.1.1 RESSONADOR DE ANEL DIVIDIDO COMPLEMENTAR (CSRR)

A análise da célula unitária do ressoador de anel dividido complementar RIS (CSRR-RIS) é discutida nesta secção (Figura 3.39).

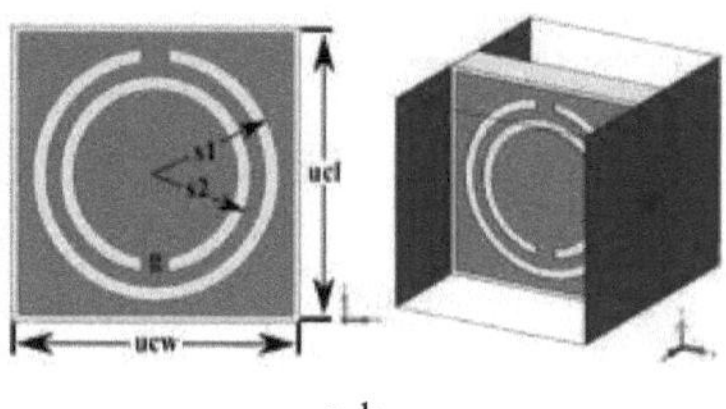

a. b.

Figura 3.39. (a). Vista superior da célula unitária CSRR-RIS, (b). Configuração da simulação de extração de parâmetros S

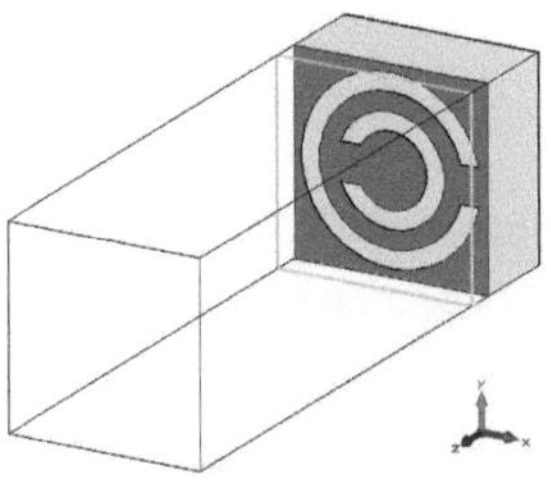

Figura 3.40. Configuração da simulação da análise da fase de reflexão da célula unitária CSRR-RIS

A célula unitária é composta, de cima para baixo, por um substrato, seguido da camada RIS, do substrato seguinte e, por último, da placa de massa. Os materiais utilizados na célula unitária são o substrato FR-4 com permissividade de 4,3, perda tangente de 0,0012, o solo e o RIS são de cobre. A largura e o comprimento da célula unitária são iguais, a estrutura do ressoador em espiral quadrada tem as dimensões indicadas como "s_1 ", "s_2 ", "ucw", "ucl" e "g", respetivamente.

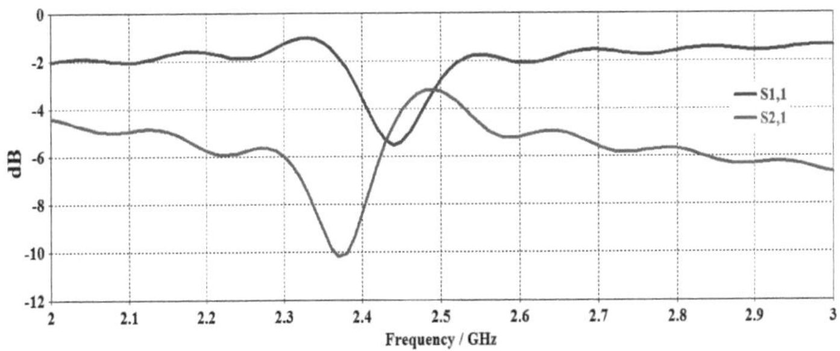

a.

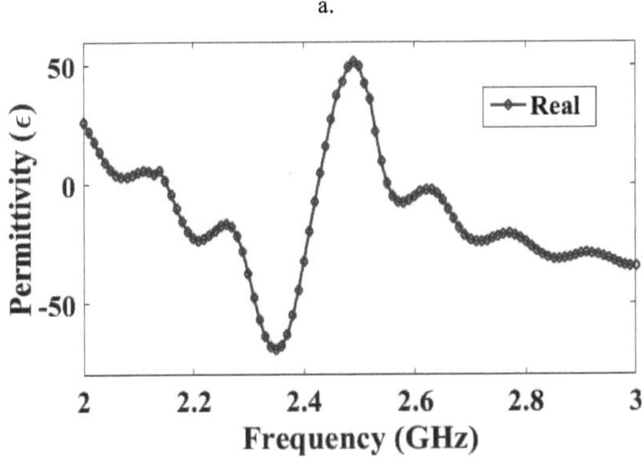

b.

55

Figura 3.41. (a). Parâmetros S, (b). Curvas características dos parâmetros constitutivos para a célula unitária CSRR

Figura 3.42. Curva das características de fase de reflexão da célula unitária CSRR-RIS

São estudadas as condições de fronteira. As faces superior e inferior (ao longo do eixo y) são assumidas como PEC, enquanto as faces esquerda e direita (ao longo do eixo x) são assumidas como PMC, e a onda incidente é passada sobre a célula unitária com esta assunção. O gráfico da fase de reflexão versus frequência para o CSRR-RIS é apresentado na Figura 3.42. A fase de reflexão varia de -180^0 a $+180^0$ na gama de frequências de 0 a 6 GHz no caso da célula unitária CSRR-RIS. As características dos parâmetros constitutivos são apresentadas na Figura 3.41.

3.2.2 CÉLULAS UNIDAS DE DUPLA CAMADA
3.2.1.2 RESSOADOR DUPLO COMPLEMENTAR DE ANEL DIVIDIDO (DCSRR-RIS)

A análise da célula unitária RIS do ressoador duplo complementar de anel dividido (DCSRR-RIS) é abordada nesta secção.

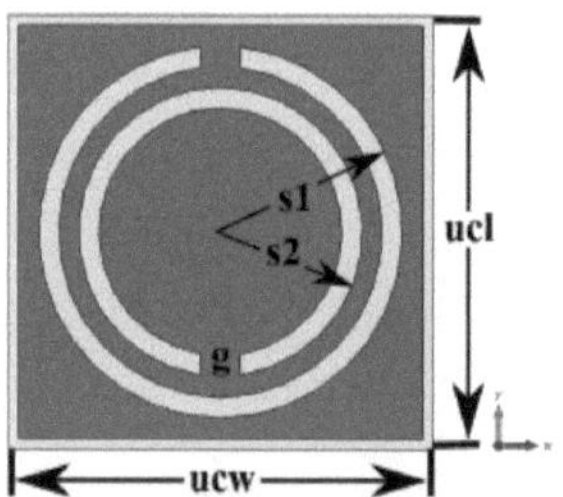

Figura 3.43. Vista superior da célula unitária DCSRR-RIS

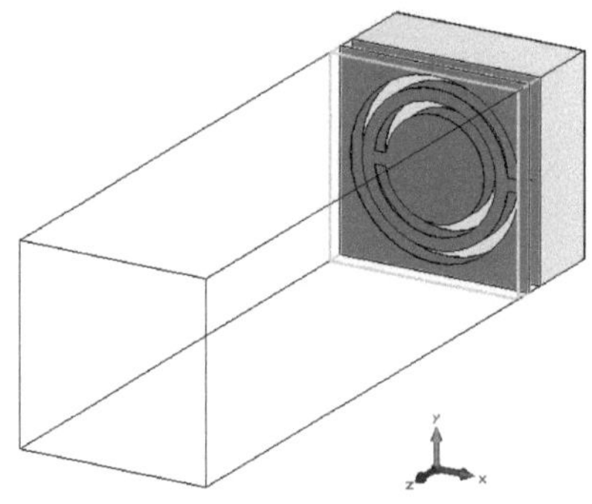

A célula unitária DCSRR-RIS é apresentada na figura 3.43. A célula unitária é composta, de cima para baixo, por um substrato, seguido da camada RIS, do substrato seguinte, de novo da camada RIS e, finalmente, da placa de massa. Os materiais utilizados na célula unitária são o substrato FR-4, com permissividade de 4,3 e tangente de perda de 0,0012, e o solo e o RIS são de cobre. As dimensões da largura e do comprimento da célula unitária são iguais, sendo a estrutura do ressoador em espiral quadrada com as dimensões indicadas por "s_1 ", "s_2 ", "ucw", "ucl" e "g", respetivamente.

São estudadas as condições de fronteira. As faces superior e inferior (ao longo do eixo y) são assumidas como PEC, enquanto as faces esquerda e direita (ao longo do eixo x) são assumidas como PMC, e a onda incidente passa sobre a célula unitária com esta hipótese. A fase de reflexão varia de - 180^0 a + 180^0 na gama de frequências de 0 a 6 GHz (Figura 3.46) no caso da célula unitária DCSRR-RIS. As características dos parâmetros constitutivos são apresentadas na Figura 3.45.

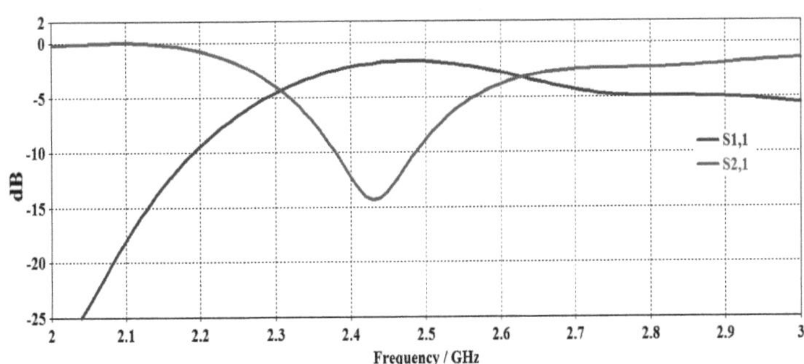

a.

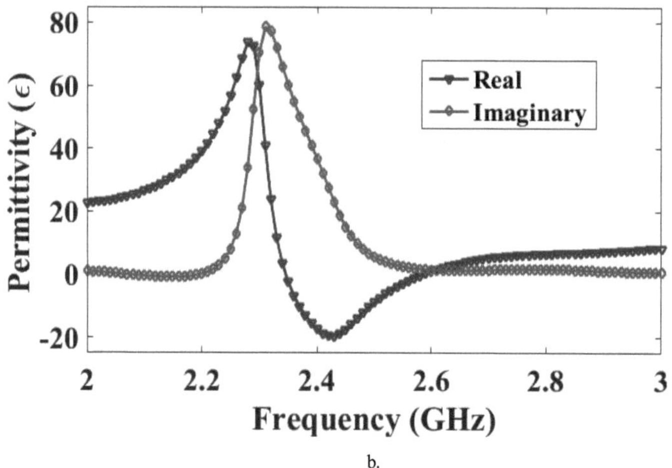

b.

Figura 3.45. (a). Parâmetros S, (b). Curvas características dos parâmetros constitutivos para a célula unitária DCSRR

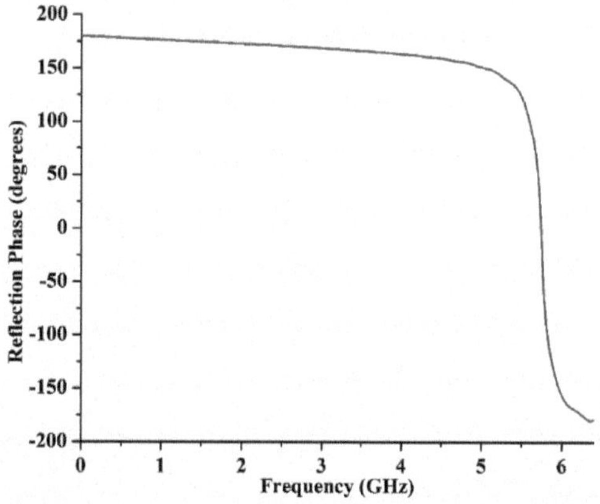

Figura 3.46. Curva das características de fase de reflexão da célula unitária DCSRR

Capítulo 4

Projeto de antenas baseadas em MNG MTM

4.1 ANTENA SRR-RIS BASED

Esta secção trata das antenas baseadas em MNG. A SRR-RIS foi considerada como metassuperfície para a conceção de antenas miniaturizadas. A análise da célula unitária SRR foi desenvolvida e estudada no capítulo 3. Com base neste estudo, a antena foi projectada e simulada a 2,4 GHz. São aqui especificados dois tipos de antenas, uma de camada única e outra de dupla camada SRR-RIS.

4.1.1 ANTENA SRR-RIS DE CAMADA ÚNICA

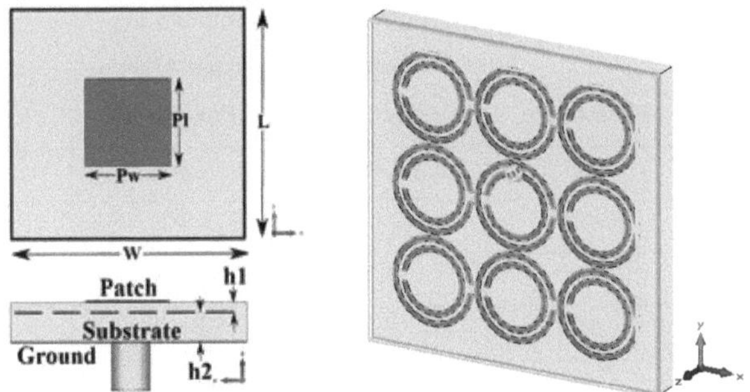

Figura 4.1. Antena SRR-RIS

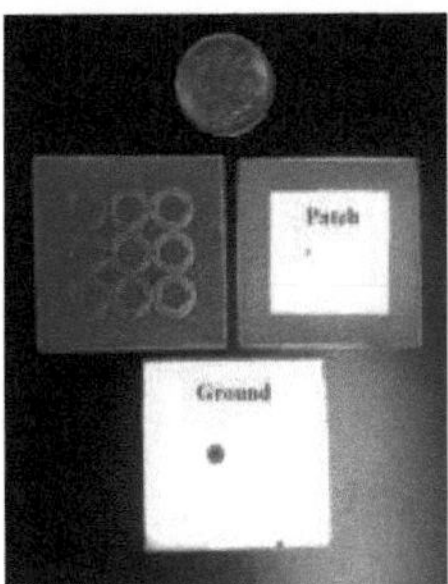

Figura 4.2 Componentes da antena SRR-RIS fabricada

A geometria da antena SRR-RIS de camada única é apresentada na Figura 4.1. É gravado um patch de material de cobre num substrato com permissividade ε_r =4,4 (FR-

59

4) e altura (h_1). Uma camada SRR-RIS de cobre com as dimensões mencionadas na Tabela 4.1 é gravada num substrato dielétrico ligado à terra com uma permissividade ε_r =4,4 (FR-4) e uma altura (h_2). Os diferentes parâmetros geométricos da mancha radiante são o comprimento da mancha 'P_l ', a largura da mancha 'P_w ' e a espessura, sendo a espessura de 0,035 mm. A descrição do fluxo de conceção da antena consiste na impressão da mancha na parte superior do substrato dielétrico de dupla camada, em que o plano de terra se encontra na parte inferior da estrutura e o RIS é impresso na interface entre as duas camadas dieléctricas FR4. A camada RIS é formada por um conjunto de células unitárias periódicas, sendo a célula unitária uma placa metálica quadrada impressa no substrato dielétrico ligado à terra. O arranjo de alimentação é utilizado por uma sonda coaxial na posição (x, y) em relação ao centro da mancha. Para acomodar o conetor coaxial, a parte circular da camada RIS é removida, de modo a que a sonda de alimentação não entre em contacto direto com as unidades RIS metálicas. A estrutura fabricada é apresentada na figura 4.2.

Tabela 4.1. Valores dos parâmetros da antena

S.N.	Parâmetro	Valor (mm)	Parâmetro	Valor (mm)
1	r1	4	h1	0.8
2	r2	3	h2	2.4
3	usw	9.5	W/L	32
4	usl	9.5	Pw/Pl	23
5	g	0.5	w	0.5
6	a	9.2	b	9.2

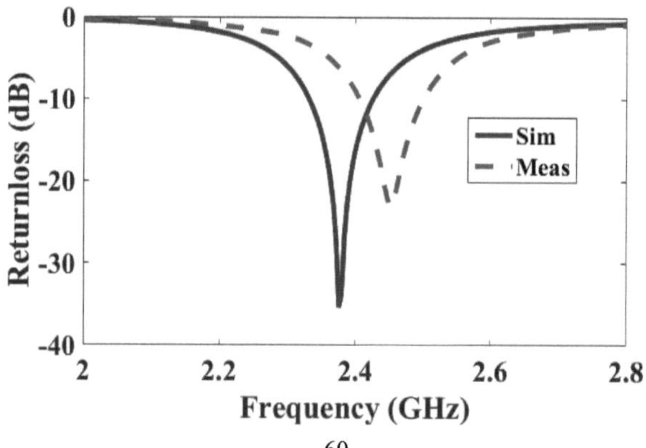

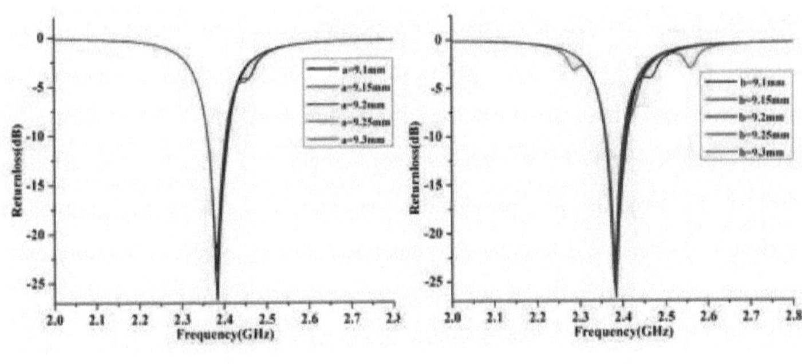

Figura 4.3. Características de perda de retorno (a). Simulado e medido. (b) Análise dos parâmetros

A análise é efectuada deslocando as células unitárias da antena ao longo dos eixos x e y, sendo as respectivas variáveis utilizadas para a análise designadas por "a" e "b". As características de perda de retorno resultantes para os dois casos são apresentadas na Figura 4.3.

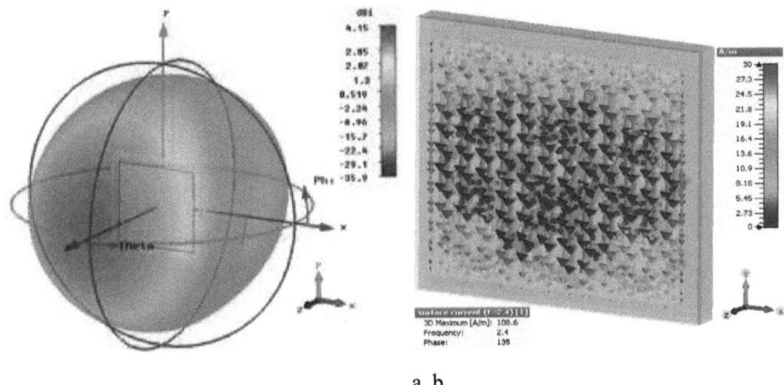

Figura 4.4. (a). Ganho 3-D, (b). Distribuição da corrente de superfície

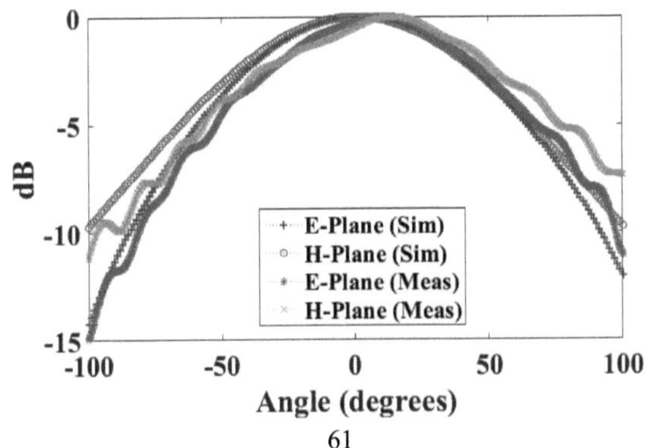

Figura 4.5. Padrões de Radiação Simulados e Medidos .

O ganho 3D e a distribuição da corrente de superfície da antena de camada única são apresentados na Figura 4.4. Aqui, o ganho simulado é de 4,15 dBi e observa-se que a corrente máxima é acumulada no patch e nas estruturas SRR-RIS. A comparação dos padrões de radiação simulados e medidos é apresentada na Figura 4.5. Os parâmetros geométricos do projeto são apresentados na Tabela 4.1 e a percentagem de miniaturização do patch a diferentes frequências (2,4 GHz e 5,6 GHz) é apresentada na Figura 4.2.

Tabela 4.2. Resumo de duas frequências (2,4 e 5,6 GHz)

	Frequência (GHz)	Remendo $(mm)^2$	Em geral $(mm)^2$	% (Patch tamanho)	% (Global tamanho)
Antena quadrada SRR-RIS	2.4	23×23	32×32	53.59	77.54
	5.6	10.35×10.35	18×18	47.21	60

4.1.2 ANTENA SRR-RIS DE CAMADA DUPLA

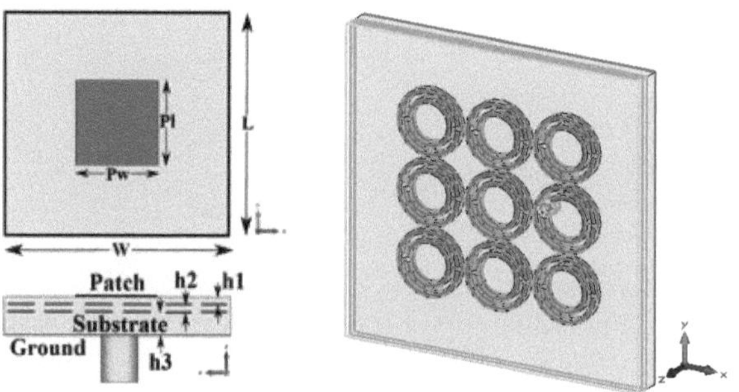

Figura 4.6. Antena dupla SRR-RIS

Figura 4.7 Componentes da antena dupla SRR-RIS fabricada

A geometria da antena RIS de dupla camada é mostrada na Figura 4.6. É gravada uma placa radiante de cobre num substrato com uma permissividade ε_r =4,4 (FR-4) e uma altura (h_1). Uma camada RIS-1 de cobre é gravada num substrato com permissividade ε_r =4,4 (FR-4) e altura (h_2). É gravada uma camada-3 de RIS de cobre com dimensões sobre um substrato dielétrico ligado à terra com uma permissividade ε_r =4,4 (FR-4) e uma altura (h_3).

A descrição do fluxo de conceção da antena consiste na impressão da mancha radiada no topo de um substrato dielétrico de camada tripla (FR-4) com espessuras de h_1 , h_2 , e h_3 em que a placa de terra se encontra na parte inferior da estrutura e o RIS é impresso na interface entre as camadas dieléctricas FR-4. As camadas RIS são constituídas por um conjunto de placas quadradas de células unitárias metálicas impressas periodicamente ao longo dos eixos x e y. A alimentação é efectuada por uma sonda coaxial na posição (x, y) em relação ao centro da mancha. Uma região circular das camadas RIS é removida para acomodar o conetor coaxial SMA, de modo a que a sonda de alimentação não entre em contacto direto com as unidades RIS metálicas. A estrutura fabricada é apresentada na figura 4.2.

Tabela 4.3. Valores dos parâmetros da antena dupla SRR-RIS

S.N.	Parâmetro	Valor (mm)	Parâmetro	Valor (mm)
1	r_1	3.18	h_1 ,h_2	0.8
2	r_2	2.18	h_3	1.6
3	usw	8	W/L	32
4	usl	8	Pw/Pl	21.6

| 5 | g | 0.5 | w | 0.5 |
| 6 | a | 7.7 | b | 7.4 |

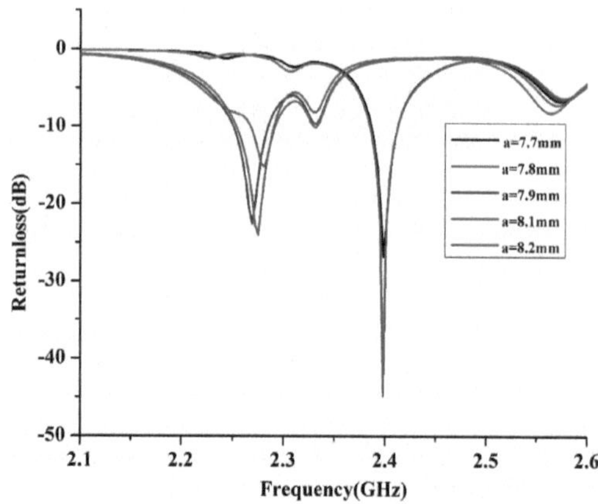

Figura 4.8. Características de perda de retorno

A análise é efectuada deslocando as células unitárias da antena ao longo do eixo x. A respectiva variável utilizada para a análise é 'a'. A caraterística de perda de retorno resultante é deslocada na Figura 4.8.

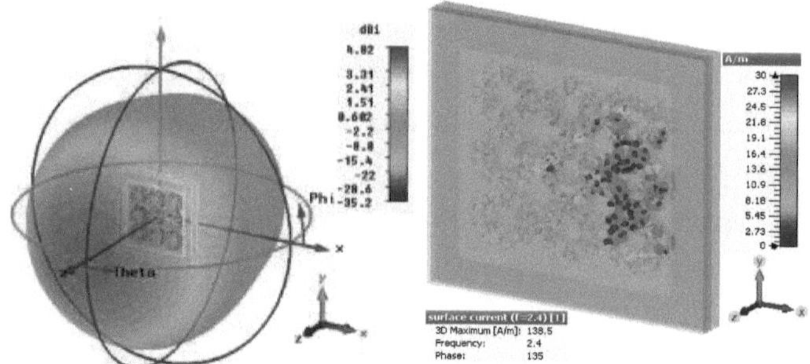

Figura 4.9. Ganho 3-D e distribuição da corrente de superfície

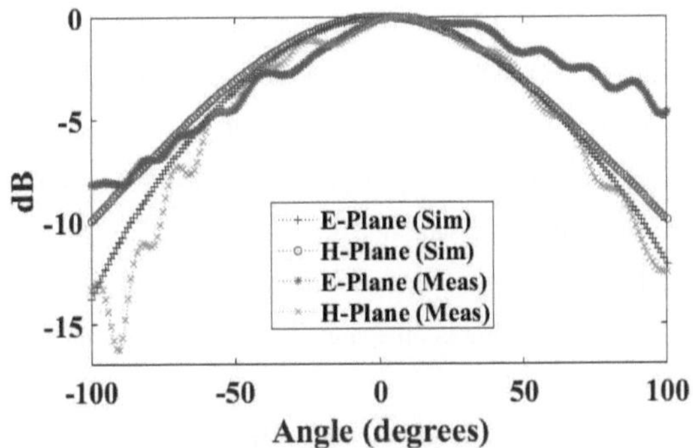

Figura 4.10. Padrões de radiação de simulação e medição

O ganho 3D e a distribuição da corrente de superfície da antena de dupla camada são mostrados na Figura 4.9 e observa-se que o ganho simulado é de 4,82 dBi e que a corrente máxima é acumulada no patch e nas estruturas SRR-RIS. A comparação dos padrões de radiação simulados e medidos é mostrada na Figura 4.10. Os parâmetros geométricos do projeto são apresentados na Tabela 4.3 e a percentagem de miniaturização do remendo para diferentes frequências (2,4 GHz e 5,6 GHz) é apresentada na Figura 4.2.

Tabela 4.4. Resumo da antena dupla SRR-RIS

	Frequência (GHz)	Patch (mm)^2	Em geral (mm)^3	% (Tamanho do remendo)	% (Tamanho total)
DSRR-	2.4	21.6×21.6	32×32	59.07	77.54
RIS	5.6	9.8×9.8	18×18	52.67	60

4.2 ANTENA OMEGA-RIS (O-RIS)

Nesta secção são apresentados dois MPA MTM. As células unitárias RIS são carregadas com formas ómega (O-RIS) e ómega complementar (CO-RIS). Posteriormente, as células unitárias são incorporadas no MPA e observa-se a miniaturização. A antena é projectada para a banda C. A MPA O-RIS ressoa a 5,4 GHz com um ganho direcional de 6,02 dBi, enquanto a MPA CO-RIS ressoa a 4,5 GHz com um ganho direcional de 5,79 dBi.

4.2.1 CONCEÇÃO DE CÉLULAS UNITÁRIAS O-RIS E CO-RIS

As células unitárias O-RIS e CO-RIS MTM são analisadas nesta secção. Os resultados das células unitárias são mostrados e as dimensões das células unitárias são apresentadas na Tabela 4.5. São estudadas as condições de fronteira das células unitárias. As vistas superior e lateral das células unitárias O-RIS e CO-RIS são apresentadas na Figura 4.11. As dimensões das células unitárias são indicadas como largura 'UW', o raio das estruturas ómega e ómega complementar é indicado com as variáveis C_1 e C_2 .

As células unitárias são projectadas de cima para baixo, como substrato (FR-4), O-RIS e CO-RIS (cobre), substrato (FR-4) e, finalmente, terra (cobre). As espessuras de ambos os substratos são indicadas como h_1 e h_2 e a permissividade do FR-4 (ε_r) é de 4,3.

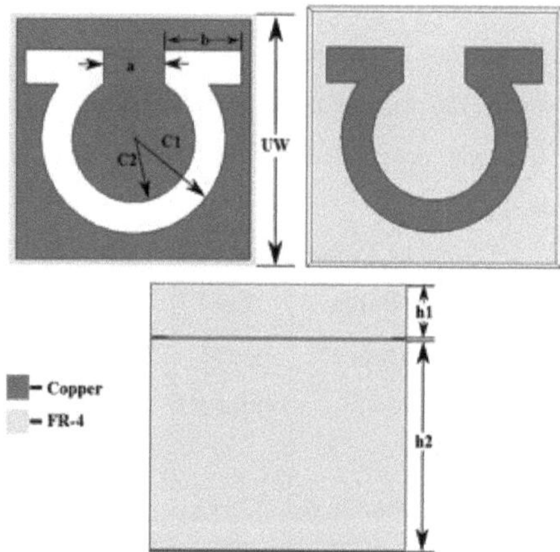

Figura 4.11. Vistas superior e lateral das células unitárias O-RIS e CO-RIS

Tabela 4.5. Valores dos parâmetros da célula unitária do O-RIS

S.N.	1	2	3	4	5	6	7
Parâmetro	UW	C_1	C_2	a	b	h_1	h_2
Valor (mm)	4	1.5	1	1	1.25	0.8	3.2

As condições de fronteira para ambas as células unitárias são assumidas como PEC ao longo da direção x e PMC ao longo da direção y. Os resultados para a fase de reflexão das células unitárias em função da frequência são apresentados na Figura

4.12. A frequência varia entre - 180^0 e + 180^0 na gama de 0 a 8 GHz no caso da célula unitária O-RIS, em que a fase de reflexão zero é observada a 5,7 GHz. Do mesmo modo, no caso da célula unitária CO-RIS, a fase de reflexão zero é observada na frequência de 4,3 GHz.

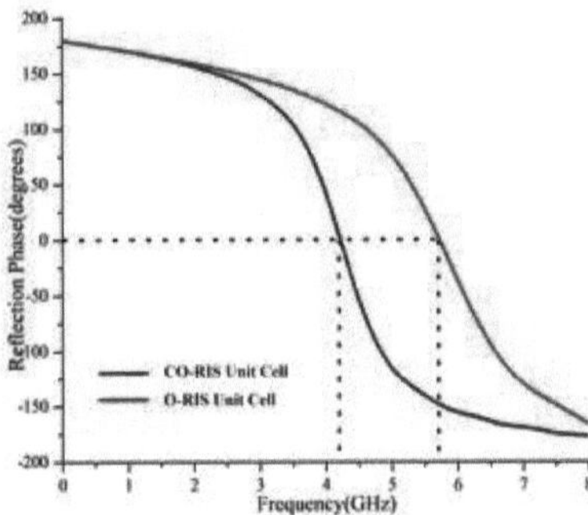

Figura 4.12. Comparação das características da fase de reflexão das células unitárias O-RIS e CO-RIS

4.2.2 PORMENORES DE CONCEÇÃO DA ANTENA

A antena proposta é concebida por uma matriz de células unitárias 5×5, como se mostra na Figura 4.13. O desenho da antena segue, de cima para baixo, a seguinte ordem: placa radiante, substrato (FR-4), camada O-RIS/CO-RIS (cobre), substrato (FR-4) e plano de terra. A dimensão total de ambas as antenas é $W{\times}L$ mm^2 , a dimensão do patch da antena O-RIS é $P_W \times P_L$ mm^2 . Do mesmo modo, a dimensão do remendo da antena CO-RIS é $W_p \times L_p$ mm^2 . As espessuras dos substratos de ambas as antenas são h_1 e h_2 . Neste caso, é utilizada uma alimentação coaxial; a posição da alimentação é optimizada para a correspondência da antena.

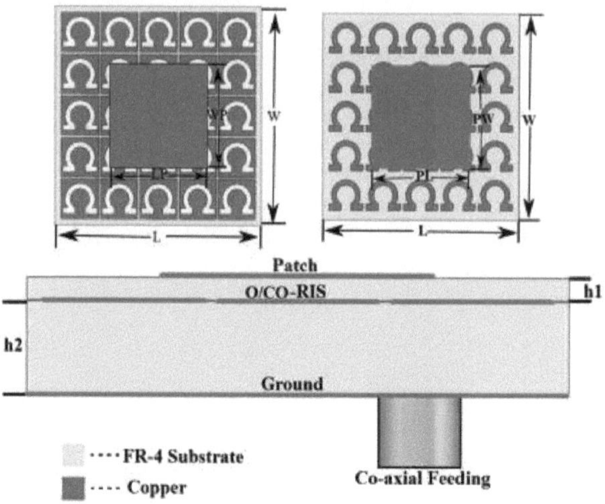

Figura 4.13. Vistas superior e lateral da MPA O-RIS e CO-RIS

Tabela 4.6. Valores dos parâmetros da antena O-RIS

S.N.	1	2	3	4	5	6
Parâmetro	W	L	P/W_{WP}	P/W_{LP}	h_1	h_2
Valor (mm)	20	20	10	10	0.8	3.2

4.2.3 RESULTADOS E DEBATES

Esta secção aborda os resultados de uma antena proposta. Os resultados aqui discutidos são a perda de retorno, a distribuição de corrente na antena e os padrões de radiação de ambas as antenas a uma determinada frequência. As antenas propostas irradiam a frequências diferentes, a O-RIS MPA ressonante à frequência de 5,4 GHz e a CO-RIS MPA ressonante à frequência de 4,5 GHz. O gráfico da respectiva perda de retorno em função da frequência é apresentado na Figura 4.14. As distribuições de corrente das duas antenas são apresentadas na Figura 4.11. A Figura 4.15(a) mostra a distribuição de corrente na O-RIS MPA à frequência de 5,4 GHz, enquanto a Figura 4.15(b) mostra a distribuição de corrente na CO-RIS MPA à frequência de 4,5 GHz.

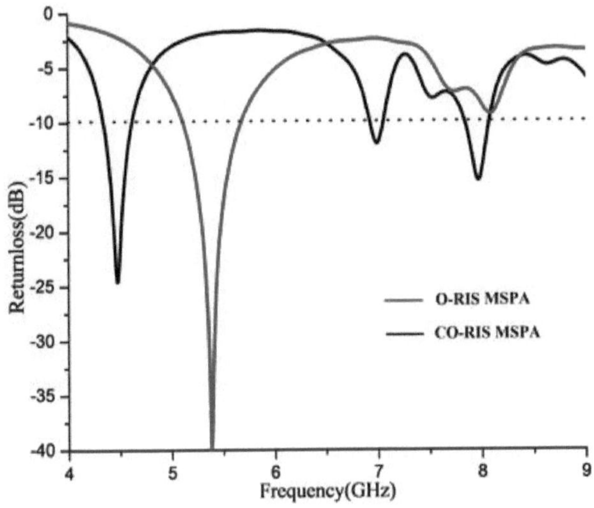

Figura 4.14. Comparação das características de perda de retorno da O-RIS MPA e da CO-RIS MPA

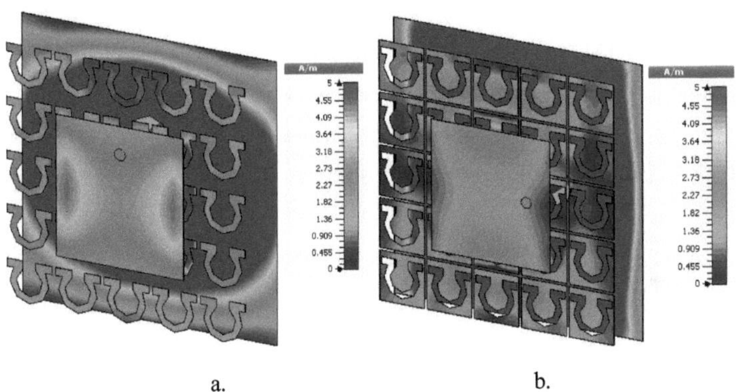

a.   b.

Figura 4.15. (a). Distribuição da corrente de superfície da AMP O-RIS, (b). Distribuição das correntes de superfície da AMP CO-RIS

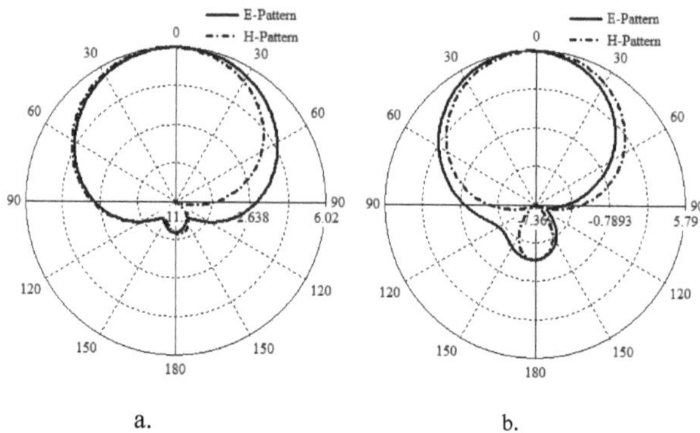

a.   b.

Figura 4.16. (a). Padrões de radiação E & H- para MPA O-RIS a 5,4 GHz, (b). Padrões de radiação E e H do MPA CO-RIS a 4,5 GHz

Os padrões de radiação E e H de ambas as antenas são apresentados na Figura 4.16. A MPA O-RIS tem um ganho direcional de 6,02 dBi a 5,4 GHz, enquanto a MPA CO-RIS tem um ganho direcional de 5,79 dBi.

4.2.4 CONCLUSÃO

As antenas MTM são concebidas para a banda C e observa-se uma miniaturização em relação às respectivas antenas convencionais. A MPA O-RIS é ressonante a 5,4 GHz com um ganho direcional de 6,02 dBi, enquanto a MPA CO-RIS é ressonante a 4,5 GHz com um ganho direcional de 5,79 dBi.

4.3 ANTENA FRACTAL DE KOCH INSPIRADA NA H-RIS

É apresentada uma antena compacta de banda dupla com superfície de impedância reactiva em forma de H (H-RIS) MTM carregada com uma antena fractal Koch. A matriz de ressonadores de células unitárias em forma de H é utilizada para formar uma superfície de impedância reactiva. A ressonância ocorreu nas bandas de frequência de 3,4 GHz e 5,35 GHz. Estas bandas de frequência são viáveis para utilização em aplicações SAR nas bandas C e S. A geometria da antena proposta foi concebida com um substrato FR-4 de baixo custo. Os padrões de radiação são medidos e comparados com os resultados da simulação para testar o desempenho global da antena recentemente concebida. Os resultados medidos estão em conformidade com os resultados da simulação.

Uma antena de banda dupla de baixo custo e baixo perfil baseada em MTM tem muitas aplicações, tais como estações de base celular, comunicações por satélite e sistema de rádio cognitivo. Esta antena pode miniaturizar a estrutura da antena e a propriedade de deslocação de frequência, sem alterar totalmente a sua estrutura física, comprimento ou tamanho. O SAR é uma forma de sistema RADAR que é utilizado para produzir imagens de alvos/objectos. É montado numa plataforma móvel, como UAV, aeronaves e naves espaciais. Os condicionalismos da carga útil são considerações importantes nos sistemas SAR aerotransportados. A carga útil dos sistemas SAR aerotransportados pode ser miniaturizada com antenas sintonizáveis (Gal et al., 2014 e Snoeij et al., 1992). É necessário um sistema de antenas de banda dupla/multibanda para os receptores de transreceptores SAR. Tendo em conta estes pontos, é imperativo desenvolver antenas miniaturizadas, leves e económicas para a próxima geração de sistemas SAR e de comunicações.

Nos últimos anos, os MTM electromagnéticos são utilizados para melhorar os parâmetros da antena (Sievenpiper et al., 1999). A miniaturização de uma antena pode ser conseguida através de uma antena de remendo impressa em substrato dielétrico de elevada permissividade, material magneto-dielectrico artificial (Colburn e Rahmat-Samii, 1999). A eficiência da radiação pode ser melhorada através de estruturas de elevada impedância da banda electromagnética de superfície (Chung et al., 2010).

A camada RIS minimiza o acoplamento EM entre o plano de aterramento e o patch, em freqüências mais baixas. É utilizada para obter uma fase de reflexão quase negligenciável, o que leva à miniaturização da estrutura de uma antena, melhorando o ganho e a directividade (Mosallaei e Sarabandi, 2004; Buell et al., 2003 e Rajesh et al., 2015). A camada RIS é uma matriz bidimensional periódica de patches (células) quadrados com ranhuras unitárias. É montada num substrato ligado à terra, com uma distância específica entre as células unitárias. As células unitárias formam a capacitância em derivação e a indutância em série com o substrato ligado à terra. As antenas baseadas em RIS são utilizadas em aplicações como os sistemas de comunicações sem fios. Os autores Vinoy et al. (2003); Sundaram et al. (2007) e Choukiker et al. (2013, 2014) mostraram a ressonância de frequências multibanda com largura de banda larga usando geometrias fractais e a antena híbrida de forma fractal é utilizada para a estrutura miniaturizada. No entanto, estas antenas não são direccionais e não apresentam um desempenho adequado para serem utilizadas em aplicações de radar.

Neste contexto, é apresentada uma antena de banda dupla RIS MTM carregada com fractal de Koch para aplicações SAR (Sai Rajesh e Kumar, 2016). A forma H-RIS e o fractal de Koch são utilizados para miniaturizar o elemento radiante. A antena entra em ressonância em duas bandas de frequência S e C. Os resultados simulados e medidos são discutidos na secção "Resultados e discussão" e, por fim, são apresentadas as conclusões.

4.3.1   PROCEDIMENTO DE CONCEPÇÃO DA ANTENA

A Figura 4.17 mostra a forma geométrica da antena fractal H-RIS Koch concebida e as respectivas dimensões são apresentadas na Tabela 4.7. Esta antena tem as dimensões de 36×36 ×3,2 mm^3 concebida com substratos FR-4 (ε_r =4,4 e tan δ=0,025). Tem duas camadas de substrato, a camada-1 (h_1) é constituída pelo patch fractal de Koch e a camada-2 (h_2) é constituída pela camada H-RIS e pelo solo. O H-RIS é a interface entre as duas camadas de substrato e é representado como um modelo de circuito LC paralelo equivalente com impedância reactiva ($\eta=jv$). É excitado com a técnica de alimentação coaxial e a posição de alimentação é perfeitamente optimizada para corresponder à impedância da antena. Uma parte do H-RIS é gravada para acomodar o condutor interno da alimentação da sonda coaxial, de modo a que a sonda permaneça isolada com a camada H-RIS.

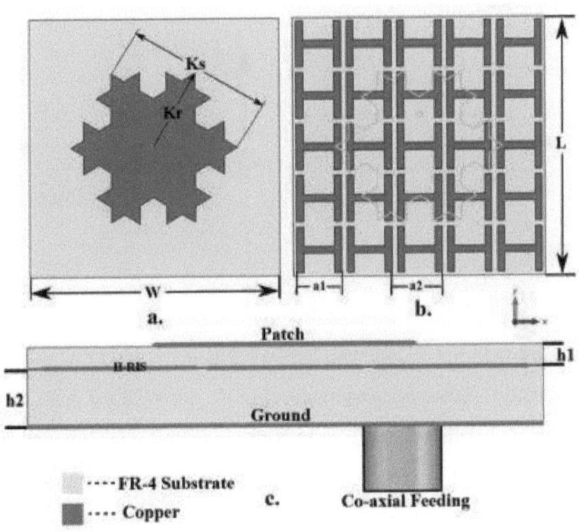

Figura 4.17. Estrutura da Antena Fractal Koch H-RIS: (a). Vista frontal da antena, (b). Superfície da H-RIS, (c). Vista lateral

Tabela 4.7. Valores dos parâmetros da geometria da antena

S.N.	1	2	3	4	5	6	7	8
Parâmetro	W	L	Kr	Ks	h_1	h_2	a_1	a_2
Valores (mm)	36	36	12	22	0.8	2.4	6.4	7.2

4.3.2 FORMA DE H RIS

A geometria da célula primária H-RIS é apresentada na Figura 4.18 e as dimensões são: a=6,4 mm, b=4,4 mm e c=1 mm. A estrutura em forma de H é analisada através do estabelecimento de paredes de fronteira PMC e PEC. A Figura 4.18 mostra as características da fase de reflexão da célula unitária em forma de H. Observa-se que a fase de reflexão varia de $- 180^0$ a $+ 180^0$ para a gama de frequências de 3-4 GHz. Trata-se de uma banda de frequência de mudança de fase altamente diversificada para a conceção da estrutura ressonante.

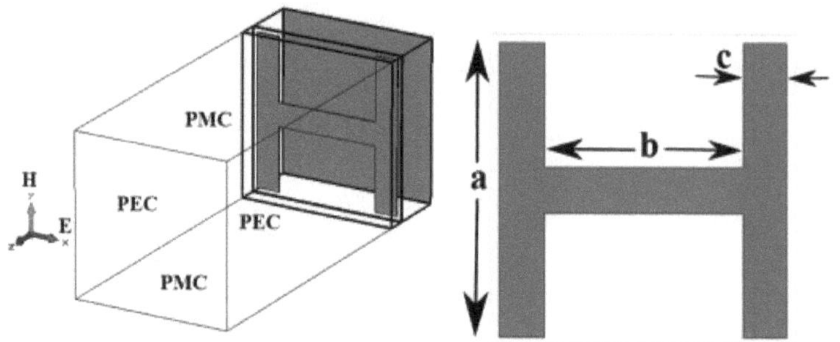

Figura 4.18. Estruturas de células unitárias do H-RIS para a antena proposta

O H-RIS é modelado como um ressonador *LC de* derivação e o modo ressonante intrínseco do patch λ/2 pode ser energizado com um método de alimentação de antena adequado (Dong et al., 2012). Observa-se que a interação entre a ressonância H-RIS e a ressonância do patch é frágil quando estão polarizadas ortogonalmente. O H-RIS é utilizado para diminuir a frequência de ressonância e melhorar as características de radiação direcional da antena. O H-RIS é utilizado para conservar a energia magnética devido à sua natureza indutiva e aumenta na ressonância do remendo. A frequência de ressonância do remendo é deslocada para frequências mais baixas que são inerentes a um ressoador *RLC* paralelo (Manteghi, 2009). Neste processo, é possível obter um funcionamento de banda dupla com miniaturização.

4.3.3 RESULTADOS E DEBATES

A Figura 4.16 ilustra a fotografia da antena fabricada e a configuração da medição. As características de impedância da antena fabricada proposta são medidas utilizando um analisador de rede vetorial (VNA) da Agilent, modelo N9918A (30 kHz a 26 GHz). A comparação das características do parâmetro S simulado e medido (S_{11} em dB) da antena recém-projetada com e sem H-RIS é ilustrada na Figura 4.21. Observa-se que a antena carregada com o H-RIS entra em ressonância a 3,4 GHz (banda S) e a 5,35 GHz (banda C). A ressonância de banda dupla ocorreu devido à interação do campo com a superfície do MTM. A explicação pormenorizada para a ocorrência da banda dupla e da mudança de frequência é apresentada na secção anterior. A antena sem H-RIS é ressonante apenas numa frequência a 3,5 GHz. As larguras de banda da impedância de 10 dB são 100 MHz (3,94%) e 280 MHz (5,25%) para a banda 1 e a banda 2, respetivamente. Observa-se que existe um desvio de 0,91% entre a frequência de ressonância simulada numericamente e a frequência de ressonância medida. Este facto pode dever-se aos limites de tolerância do fabrico, o que é aceitável. A semelhança entre os resultados simulados e medidos de S_{11} (dB) confirma que o projeto pode ser utilizado para aplicações de antena de banda dupla.

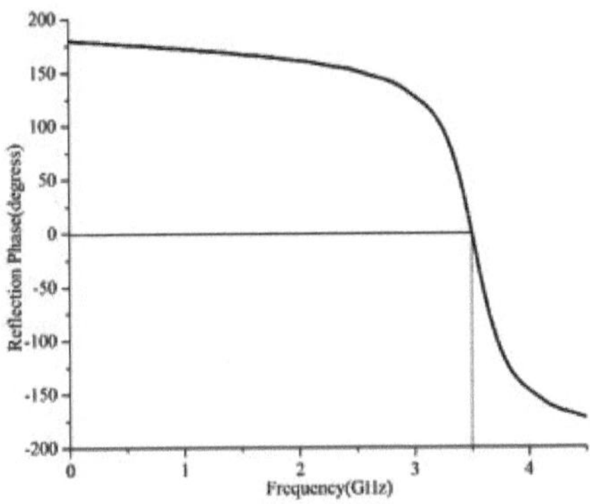

Figura 4.19. Fase de reflexão da célula unitária H-RIS

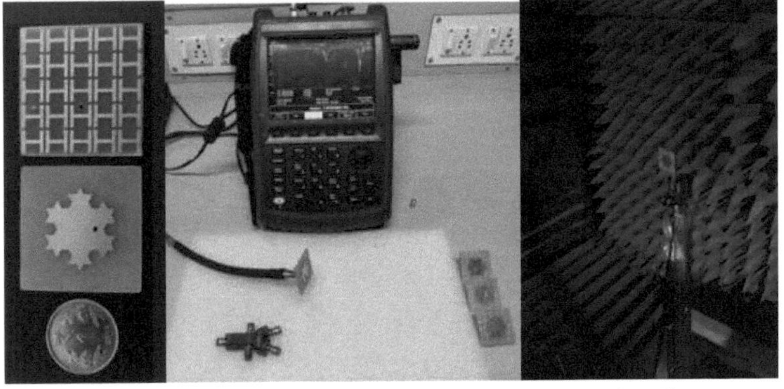

Figura 4.20. Fotografia da antena fabricada com a configuração de medição

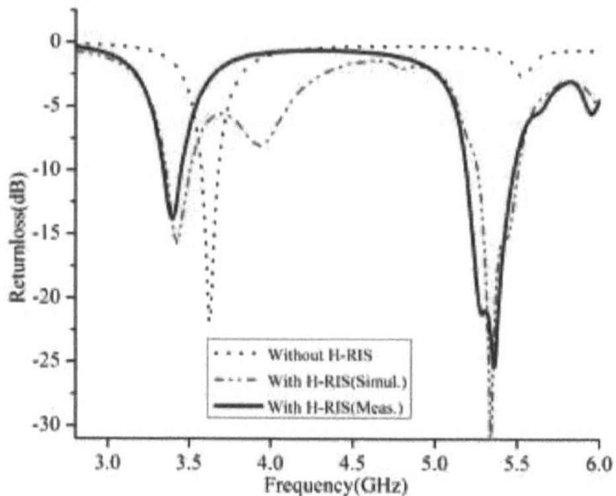

Figura 4.21. S_{11} (dB) da Antena Fractal Koch H-RIS recentemente concebida, com e sem H-RIS

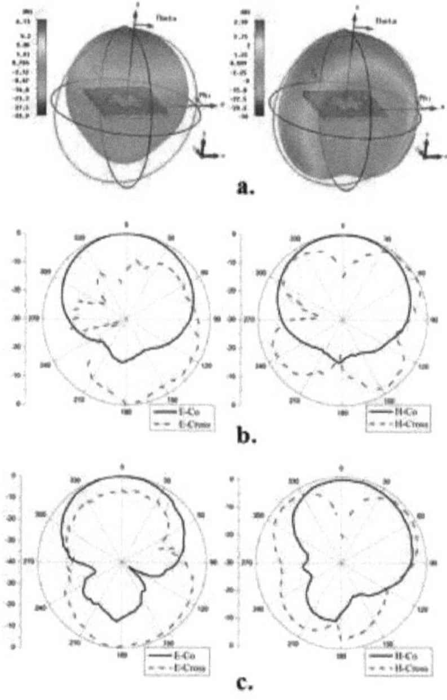

Figura 4.22. (a). Ganho 3D simulado para 3,4 GHz (esquerda) e 5,35 GHz (direita), (b). Padrão medido de co-e-pol. medidos para os planos E e H à frequência de 3,4 GHz, (c). Padrão medido de polarização cruzada e coaxial para os planos E e H na frequência de 5,35 GHz

Foi utilizada uma câmara anecóica, disponível no Microwave Lab, IISc, Bangalore, para medir o padrão de radiação de uma antena recentemente concebida. Os padrões de radiação 3D simulados a 3,4 GHz e 5,35 GHz são apresentados na Figura 4.22(a).

O ganho simulado de 6,11 dBi e 3,99 dBi é obtido a 3,4 GHz e 5,35 GHz, respetivamente. A Figura 4.22(b), (c) mostra o padrão de radiação medido da antena no plano E e no plano H para co-pol. e pol. cruzada a 3,4 GHz e 5,35 GHz, respetivamente. Observa-se que os padrões são de natureza direcional e que a largura do feixe é de cerca de 120^0 para ambas as frequências. Os máximos do padrão de radiação medidos no plano E para co-pol e pol. cruzado estão orientados a 90^0. Isto indica que a deslocação dos máximos entre co e pol. cruzada a 3,4 GHz está de acordo com as expectativas. Mas no plano E de 5,35 GHz, o padrão de radiação é diferente do anterior. Neste caso, o padrão de radiação em co-pol. é quase unidirecional, mas no caso do padrão de radiação em pol. cruzada parece ser bidirecional. O padrão de radiação medido também proporciona confiança quanto às características direccionais do desenho fabricado.

Um dos desafios na conceção de futuros sistemas SAR espaciais é a antena miniaturizada com aplicação multibanda suportada pela capacidade de formação dinâmica de feixes. Este tipo de conceção permite a aquisição de imagens multibanda de alta resolução numa polarização quádrupla ou dupla. Neste caso, a antena unitária desenvolvida e testada pode ser utilizada para um sistema de antena de fase ativa para a conceção de sensores SAR de banda S e C no ar ou em órbita polar terrestre. Um ganho de 6,11 dBi na banda S e de 3,11 dBi na banda C para uma antena de baixo perfil comprova as possíveis aplicações espaciais. No entanto, a largura de banda a 3,4 GHz é de apenas 100 MHz, o que limita a sua utilização efectiva em aplicações de imagiologia por micro-ondas. Conseguir um ganho elevado com uma largura de banda elevada é um desafio a enfrentar, especialmente para aplicações espaciais.

4.3.4 CONCLUSÃO

A antena fractal de Koch baseada no H-RIS foi concebida e testada. Foi demonstrado que a ressonância em duas bandas de frequência S e C pode ser utilizada para aplicações de banda dupla, como o sistema de antena SAR aerotransportada. Os padrões de radiação são de natureza direcional e o ganho nas bandas S e C é de cerca de 6,11 dBi e 3,99 dBi, respetivamente.

A tabela de resumo de todas as antenas MNG de camada única projectadas a 2,4 GHz e 5,6 GHz é apresentada abaixo:

Antena	%Miniaturização (Patch)		%Miniaturização (global)	
	2,4 GHz	5,6 GHz	2,4 GHz	5,6 GHz
SRR-RIS	53.59	47.21	77.54	60
Omega-RIS	40.7	50.72	64.91	29.04
SR-RIS	45.17	60.01	74.64	10.19
DS-RIS	53.59	37.63	4.47	-10.86

Capítulo 5

Conceção das antenas ENG MTM

5.1   ANTENA RIS QUADRADA DUPLA

Este trabalho examina o desempenho do projeto de MPA MTM para aplicações multibanda. A célula unitária MTM de superfície de impedância reactiva com carga quadrada dupla (DS-RIS) é analisada para a conceção de antenas da banda C. A metassuperfície/metasubstrato da MPA é formada por um conjunto de células unitárias DS-RIS. São estudadas as características de radiação de manchas de forma quadrada e triangular utilizando estas metassuperfícies. As dimensões totais das antenas são 20×20 mm^2 . Observa-se que os patches de forma quadrada e triangular apresentam ressonância em três frequências de 4,5, 6,4 e 7,3 GHz na banda C, com um ganho direcional superior a 5 dBi.

Nas plataformas aéreas, o tamanho da antena é fundamental devido às limitações de carga útil das aeronaves. Para miniaturizar a antena, surgiu uma nova classe de antena designada por antena MTM. A antena MTM utiliza a conceção de MTMs para melhorar a miniaturização de uma antena. A antena MTM tem sido utilizada em aplicações como comunicações espaciais, GPS, satélites, navegação de aeronaves e veículos espaciais.

O MTM incorporado no interior do substrato de uma antena pode configurar a potência radiada na antena. Esta configuração é designada por metassuperfície ou metasubstrato. Esta metassuperfície é composta por um conjunto periódico de manchas quadradas impressas num substrato dielétrico suportado por cobre (Lai et al., 2004). Estas manchas quadradas formam (RIS), que são equivalentes a um circuito fixo de indutor e condensador em paralelo. O RIS permite reduzir o acoplamento entre a terra e o patch nos MPAs. Neste documento, é demonstrada a nova conceção da camada RIS e é estudada a célula unitária DS-RIS. São apresentados os resultados da simulação. O pacote de software CST é utilizado para o projeto e a simulação da estrutura. A camada RIS recentemente desenvolvida foi utilizada para criar dois MPAs. A forma de um patch é quadrada e a do outro é triangular. Ambos os patches com o mesmo RIS apresentam ressonância na banda C a três frequências. A estrutura com o novo RIS apresenta uma correspondência de impedância de -10 dB em três

79

bandas. Estas antenas podem ser utilizadas para aplicações multibanda em radares miniaturizados, bem como em dispositivos compactos de comunicação sem fios.

5.1.1 ESTUDO DA CÉLULA UNITÁRIA RIS COM DUPLO QUADRADO CARREGADO

A célula unitária MTM é mostrada na Figura 5.1(a). As condições de fronteira utilizadas para simular o eletromagnetismo da célula unitária MTM são apresentadas na figura 5.1(b). A célula unitária RIS com carga quadrada dupla e o gráfico da fase de reflexão são apresentados na figura 5.2.

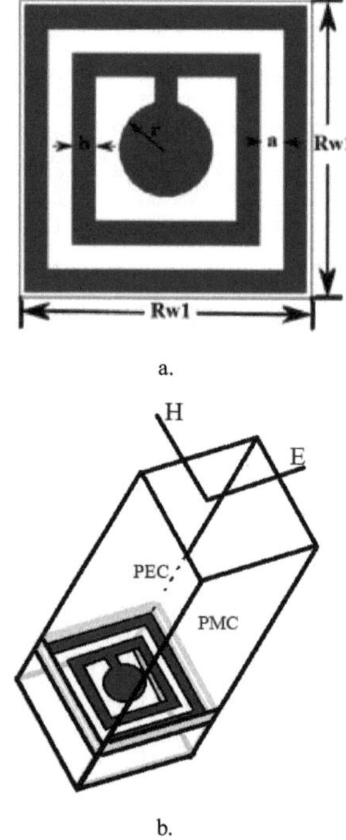

Figura 5.1. (a). Vista superior da célula unitária DS-RIS, (b). Vista de projeto com condições de fronteira

A célula unitária DS-RIS é estudada com o gráfico de fase correspondente à reflexão apresentado na figura 5.2. As condições de fronteira são consideradas paredes laterais PEC e paredes superiores e inferiores PMC. As dimensões da célula unitária são $Rw_1 \times Rw_1$ mm^2. A célula unitária é construída de cima para baixo como substrato

FR-4 com espessura h_1 , estrutura RIS de quadrado duplo e substrato FR-4 com espessura h_2 . A estrutura DS-RIS tem dimensões como a largura dos quadrados é "b", o espaço entre os quadrados é "a" e o raio do mostrador central é "r".

5.1.2 GRÁFICO DA FASE DE REFLEXÃO

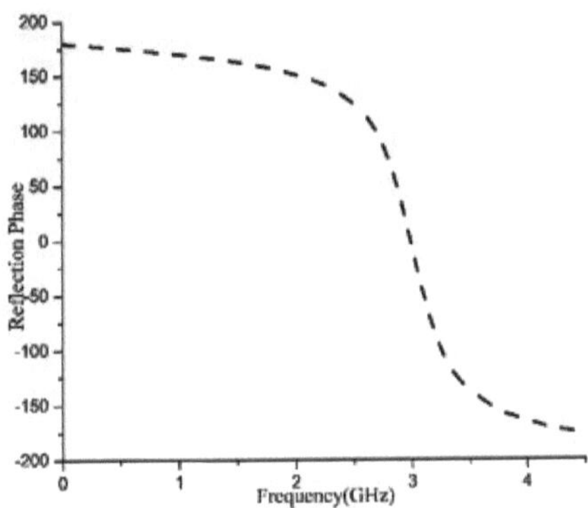

Figura 5.2. Gráfico de fase de reflexão versus frequência da célula unitária DS-RIS

O gráfico resultante da fase de reflexão versus frequência acima apresentado refere-se à célula unitária DS-RIS. A curva varia de - 180^0 a + 180^0 na gama de frequências de 0-4,5 GHz.

5.1.3 CONCEÇÃO DA ANTENA

Esta secção aborda a conceção do MPA DS-RIS e diferentes manchas, como um quadrado, um triângulo e a sua comparação, respetivamente.

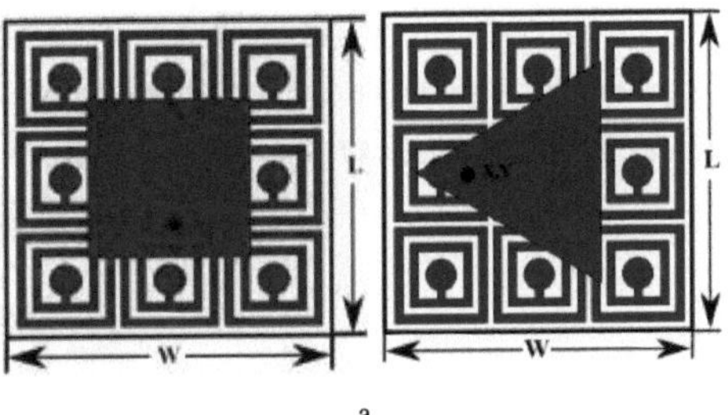

a.

81

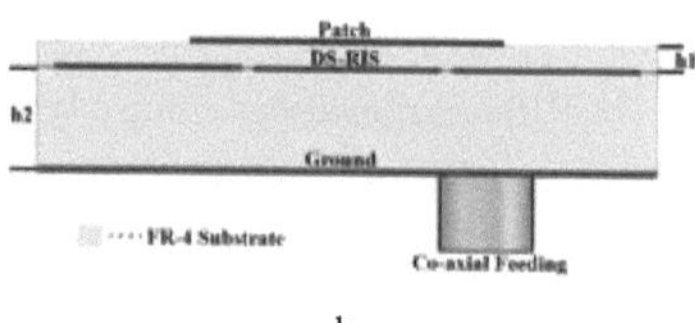

b.

Figura 5.3. (a). Vista superior da DS-RIS MPA, (b). Vista lateral da DS-RIS MPA

As dimensões totais da MPA DS-RIS são 20×20 mm^2 . A antena é composta, de cima para baixo, por uma mancha (cobre), um substrato (FR-4) de espessura h_1 , uma camada DS-RIS, um substrato (FR-4) de espessura h_2 e uma ligação à terra (cobre), como se mostra na figura 5.3. Os dois patches diferentes, quadrado e triângulo, são projectados na metassuperfície DS-RIS. A dimensão da mancha quadrada é dada como L×W mm^2 . O comprimento do lado do triângulo equilátero é de 8 mm. A camada DS-RIS é uma matriz periódica de placas quadradas duplas carregadas, impressas num substrato FR-4 com suporte de cobre. Os quadrados duplos estão acoplados uns aos outros e formam impedâncias capacitivas e indutivas em relação à terra. A alimentação coaxial é fornecida ao DS-RIS MPA. A posição de alimentação a partir da origem é optimizada para combinar a antena com uma melhor perda de retorno e ganho. Os valores das dimensões são apresentados na Tabela 5.1.

Quadro 5.1. Valores dos parâmetros da antena DS- RIS

S.N.	Parâmetro	Valores (mm)	Parâmetro	Valores (mm)
1	Rw	6	r	1
2	a	1	W	10
3	b	1	L	10
4	h_1	0.8	h_2	3.2

5.1.4 RESULTADOS E DISCUSSÕES

A comparação da perda de retorno da antena DS-RIS MPA com patches quadrados e triangulares com o gráfico caraterístico da frequência é apresentada na Figura 5.4. A antena DS-RIS de pala quadrada é ressonante em três frequências na banda C 4,5, 6,4 e 7,3 GHz.

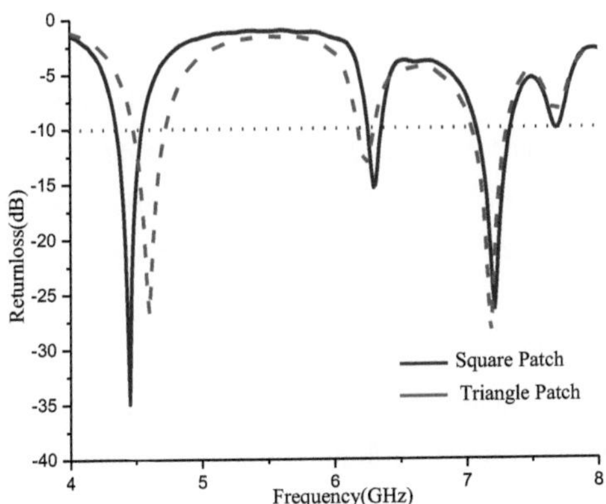

Figura 5.4. Comparação da perda de retorno com a caraterística de frequência da amostra quadrada e da amostra triangular DS-RIS MPA

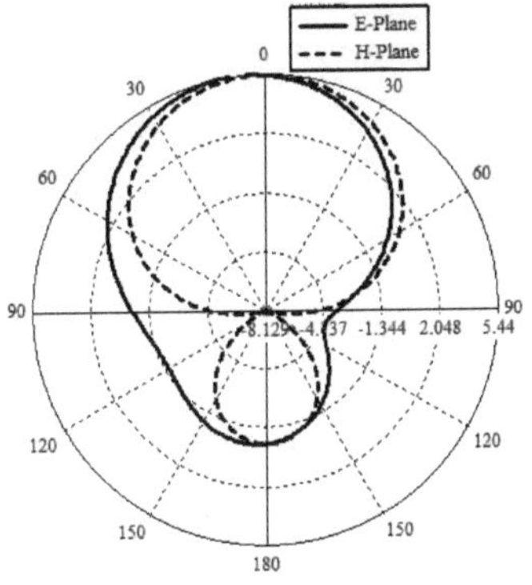

a.

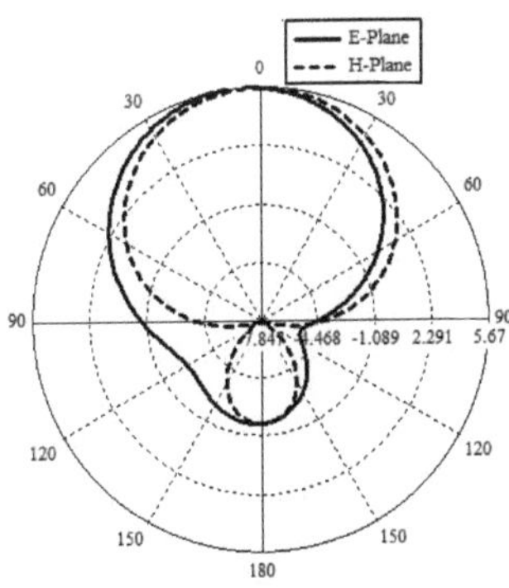

b.

83

Figura 5.5. (a) Padrões dos planos E e H da amostra quadrada DS-RIS MPA, (b). Padrões dos planos E e H da amostra triangular DS-RIS MPA

Os padrões de radiação nos planos E e H do MPA DS-RIS de placa quadrada e triangular são apresentados na Figura 5.5. O ganho de diretiva do DS-RIS MPA de remendo quadrado à frequência de 4,5 GHz é de 5,44 dBi. Do mesmo modo, o ganho de diretiva do DS-RIS MPA de placa triangular a 4,6 GHz é de 5,67 dBi.

5.1.5 CONCLUSÃO

Neste contexto, foi desenvolvida uma nova metassuperfície. O MTM DS-RIS é utilizado para simular antenas de forma quadrada e triangular. Observou-se que as estruturas da antena apresentam uma miniaturização de mais de 35% na frequência de 4,5 GHz em comparação com as concepções convencionais de MPA. Além disso, são discutidos os resultados de dois patches diferentes, como os MPAs DS-RIS quadrados e triangulares. A partir deste estudo, pode concluir-se que é possível conceber antenas altamente compactas que são ressonantes em três frequências na banda C. Os ganhos direccionais de duas antenas são observados acima de 5,4 dBi. Finalmente, a miniaturização da antena e as frequências multibanda são alcançadas. A antena DS-RIS pode ser utilizada em aplicações de banda C.

5.2 ANTENAS COM BASE EM CSRR

5.2.1 MPA MULTIBANDA COM BASE NO CSRR-RIS

É apresentado um novo projeto de MPA baseado em ENG MTM para aplicações multibanda. Os MTMs oferecem características únicas de obtenção de elevado ganho direcional e miniaturização. Neste trabalho, foi desenvolvido um patch em forma de estrela sobre um RIS (CSRR-RIS) carregado com ressonador de anel de tira complementar. É estudado o patch em forma de estrela com dimensões optimizadas. A comparação é feita entre a antena de patch em estrela CSRR-RIS e a antena de patch sem RIS. O conjunto baseado em RIS ou MTM proporcionou um ganho elevado de 24 dBi a 4,2 GHz e 5 GHz. As antenas propostas podem ser utilizadas para a conceção de receptores para o desenvolvimento de SAR aerotransportado.

Fisicamente, o elemento único deve ter uma dimensão reduzida no caso de uma matriz e o substrato deve ser diferente. Os MTM podem melhorar as propriedades de radiação de uma antena. A CSRR-RIS é constituída por manchas quadradas num substrato altamente dielétrico. Devido a esta estrutura MTM, as antenas podem entrar em ressonância em várias frequências na banda C e na banda X com melhores ganhos e perdas de retorno. São construídos patches quadrados, hexagonais e em estrela, e é feita uma otimização para obter um melhor desempenho da antena. As três formas têm frequências de ressonância diferentes. O CST é utilizado para efeitos de simulação. Pendry et al. (1999) implementaram o CSRR e apresentam uma fórmula teórica para o CSRR. O CSRR foi utilizado para minimizar o tamanho da antena. Foi tentada uma forma diferente (quadrada, hexagonal, estrela) de MPA com e sem CSRR-RIS. A forma com o melhor ganho foi utilizada para conceber o conjunto com um ganho máximo. Existe uma grande possibilidade de utilizar esta conceção para aplicações SAR e sem fios.

5.2.1.1 PORMENORES DE CONCEPÇÃO DA ANTENA

A estrutura básica da antena consiste num remendo num dos lados do substrato revestido de metal, sendo esta superfície revestida de metal o chamado plano de terra. A alimentação coaxial é utilizada para uma melhor correspondência de impedância a 50 Ohms. A antena proposta inclui a camada quadrada CSRR-RIS.

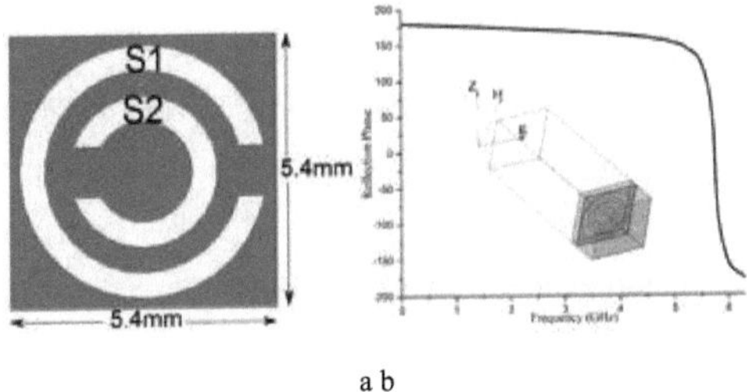

Figura 5.6. (a). Vista superior da célula unitária CSRR, (b). Curva de análise da célula unitária CSRR

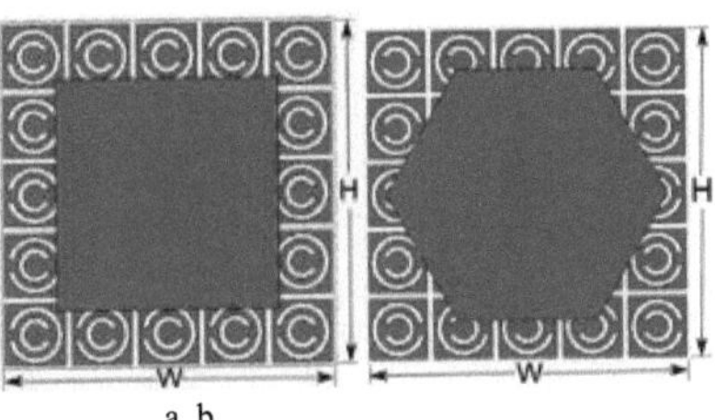

85

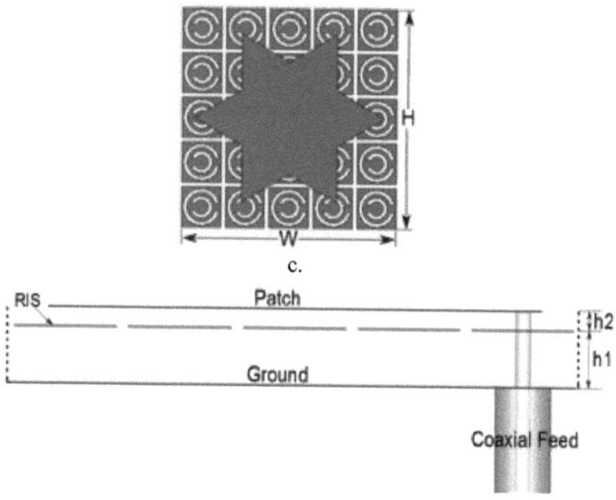

Figura 5.7. Vista superior da antena RIS Patches carregada com CSRR: (a). Quadrada, (b).
Hexagonal, (c) Estrela, (d). Vista lateral da antena

As dimensões da antena são 38×38 mm² e as dimensões do patch são 21×20 mm² .
As alturas do substrato são h_1 =2,4 mm e h_2 =0,8 mm (Figura 5.7). As dimensões do
patch quadrado da célula unitária CSRR-RIS são 5,4×5,4 mm² o espaçamento entre
eles é de 1,2 mm. As dimensões do CSRR S_1 (Figura 5.6) raio interno 1 mm e raio
externo 1,5 mm, S_2 raio interno 2 mm e raio externo 2,5 mm. As dimensões S_1 e S_2
foram seleccionadas arbitrariamente, de modo a obter melhores resultados de
simulação. Devido a esta configuração, a antena é ressonante em diferentes
frequências. Os resultados da simulação, como a perda de retorno e o ganho, são
apresentados. A dimensão da antena hexagonal é 38×38 mm² com comprimento lateral
D=16 mm (Figura 5.7b). O patch em estrela com CSRR-RIS também é apresentado
(Figura 5.7c). A comparação entre os resultados da simulação destas três estruturas é
apresentada (Figura 5.9). A antena CSRR-RIS tem um ganho menor devido à presença
de estruturas de ressonância na mesma, para obter uma matriz de ganho elevado.
Considera-se uma matriz de 5×1 elementos, a distância entre elementos é λ/2 com
configuração uniforme.

5.2.1.2 RESULTADOS E DISCUSSÕES

Todas as três estruturas são analisadas com o desempenho da perda de retorno e o
ganho de diretiva obtido. A Figura 5.7 mostra a variação da perda de retorno com a
frequência para as três formas discutidas acima. A antena de retalho quadrada CSRR-

86

RIS de elemento único demonstrou ressonância a 2,94, 5, 5,91, 6,5 e 8,23 GHz. Apresenta um ganho direcional de 5,29 dBi a 2,94 GHz (Figura 5.9). A antena hexagonal de elemento único CSR-RIS entra em ressonância nas frequências de 4,3, 4,9, 5, 5,7 e 8 GHz. Considerando uma frequência de 4,3 GHz, o ganho de diretiva é de 5,09 dBi. Do mesmo modo, a antena de remendo em estrela CSRR-RIS ressoa a 3,29, 5,11, 5,4, 5,9, 6,62 e 8,1 GHz, e a 3,29 GHz o ganho é de 5,86 dBi. Os respectivos padrões de radiação no plano E e H para três estruturas (quadrada, hexagonal e estrela) nas frequências de 2,94, 4,3 e 3,29 GHz são apresentados nas Figuras 5.9, 5.10 e 5.11, respetivamente. A antena CSRR-RIS tem um ganho menor devido à presença de estruturas de ressonância na mesma. Para obter um ganho elevado, pode ser utilizado o conceito de matriz. O conjunto da antena quadrada CSR-RIS proporciona um ganho direcional de 9,77 dBi a 2,94 GHz. A matriz da antena hexagonal com CSR-RIS proporciona um ganho de diretiva de 10,4 dBi. O conjunto de antenas em estrela CSRR-RIS proporciona um ganho de diretiva de 10,6 dBi.

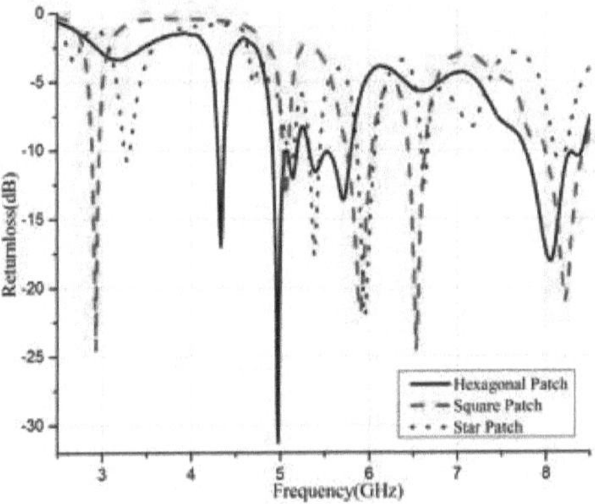

Figura 5.8. Comparação da perda de retorno para a antena quadrada, hexagonal e em estrela RIS carregada com CSRR

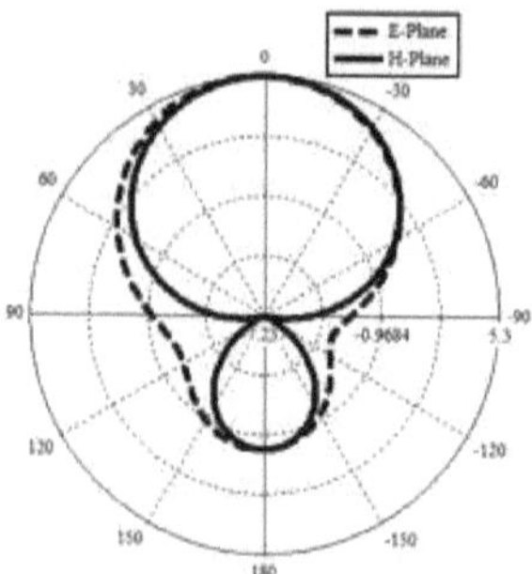

Figura 5.9. Padrão dos planos E e H da antena de retalho quadrada baseada em RIS com carga CSRR

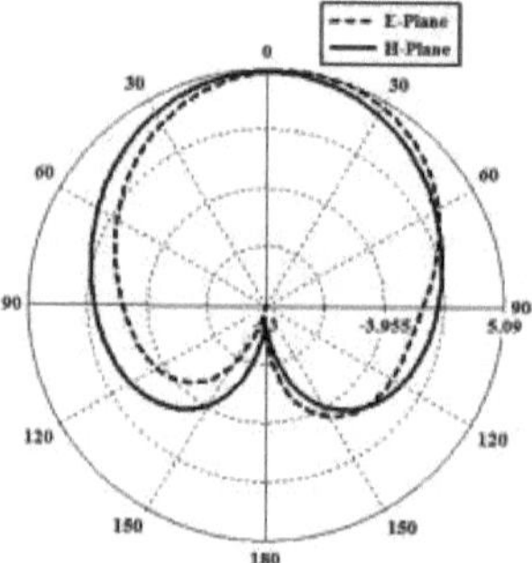

Figura 5.10. Padrão dos planos E e H de uma antena hexagonal com carga RIS baseada em CSRR

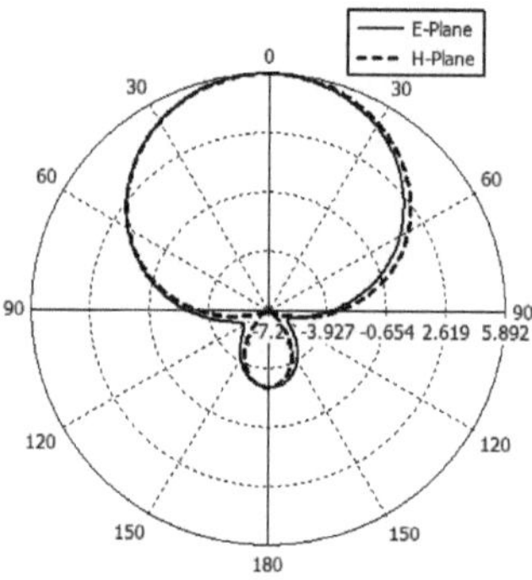

Figura 5.11. Padrão dos planos E e H da antena hexagonal com carga RIS baseada em CSRR

5.2.1.3 CONCLUSÃO

Tentou-se projetar uma antena multi-frequência e multi-banda utilizando o MTM (CSRR-RIS). Foram consideradas três formas geométricas (quadrada, hexagonal e estrela). Observou-se que a antena de patch CSRR-RIS em forma de estrela com um único elemento é ressonante nas bandas C e X. O patch em estrela de 5 elementos obteve o melhor ganho de 10,6 dBi entre as três formas. A antena CSR-RIS tem uma forma de feixe esplêndida nas bandas C e X. A matriz com patch em estrela pode ser utilizada para a conceção de antenas SAR com peso de carga útil reduzido, com ganho elevado e largura de feixe estreita. Foram simuladas numericamente quatro estruturas de MPA. Verificou-se que uma antena sem qualquer CSRR é ressonante apenas numa frequência, enquanto a antena com ressonadores simples e múltiplos apresentou mais do que uma ressonância. Os ressonadores tornam a antena multibanda que pode ser explorada para aplicações espaciais e aéreas.

5.2.2 ANTENA MULTI-SUBSTRATO COM CARGA CSRR

Esta secção examina o substrato de camada dupla com antena de microfita de patch duplo (DLDMPA). São analisadas as características de radiação de uma antena de substrato duplo com um remendo ativo em forma de E entre os substratos e um ressonador de anel de tira complementar passivo carregado com MPA. Devido a este substrato de dupla camada, é relatada a miniaturização da antena. A ressonância de frequências multibanda e a deslocação da frequência de ressonância são possíveis com o patch passivo carregado com CSRR. A comparação entre o patch típico em forma de E e a DLDMPA é estudada e os resultados são discutidos. Esta estrutura proporciona um ganho de ~9,0 dBi com ressonância de banda tripla que pode ser utilizada para aplicações de LAN sem fios 4G LTE e Wi-MAX.

Recomenda-se a utilização de antenas de baixo perfil, baixo custo, fáceis de integrar com circuitos de micro-ondas e miniaturizadas em geral e, em particular, para aplicações LAN sem fios, como Wi-MAX e 4G LTE. A MPA com CSRR pode fornecer todas as características acima referidas com a limitação de uma largura de banda estreita. Foram comunicadas várias técnicas para aumentar a largura de banda, como a utilização de ar como substrato (Ayoub, 2003), o aumento da espessura do substrato, a adição de elementos parasitas e a criação de ranhuras no remendo (Wong e Hsu, 2001). Utilizando diferentes formas de patches, como a forma de E e a forma de U, foi alcançada uma largura de banda de 300-400 MHz (Yang et al., 2001; Ge et al., 2004; Ge et al., 2006 e Lee et al., 1997). No entanto, estas estruturas são ressonantes apenas numa única frequência. Há necessidade de uma antena compacta com capacidade multibanda e miniaturizada.

Propõe-se o projeto numérico de uma antena multibanda para aplicações nas bandas L e S com elevado ganho. A antena é projectada com substrato de dupla camada. Uma camada do substrato é constituída por dois substratos sobrepostos com uma constante dieléctrica relativa diferente. Os substratos utilizados são o FR-4 e a espuma, cujas permissividades são 4,4 e 1,06. A antena proposta é projectada utilizando o software CST. Aqui, são projectadas três antenas e os resultados são comparados para aplicações adequadas.

5.2.2.1 PORMENORES DA ANTENA

A MPA em forma de E com apenas um substrato tem sido utilizada para aplicações de banda larga. Propõe-se a conceção de três antenas com substratos de camada única e dupla, com um remendo em forma de E como ponto de alimentação em cada projeto. A geometria da antena proposta para o projeto 1 é $L_s \times W_s \times (h + h_{12})$ mm^3 , e os parâmetros de projeto dos projectos -2 e -3 são apresentados no quadro 5.2.

5.2.2.1.1   PROJETO DE ANTENA-1

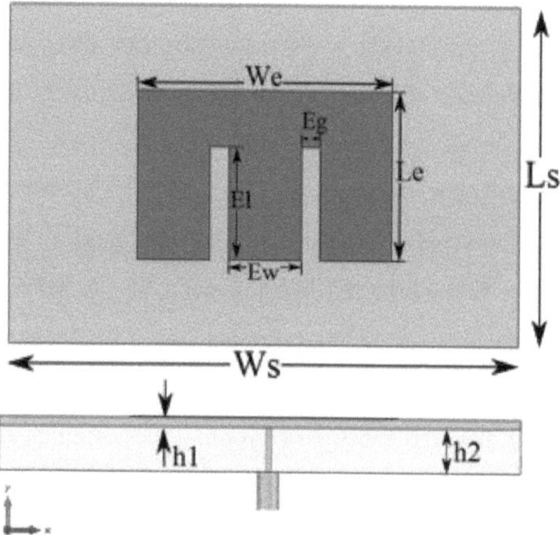

Figura 5.12. Patch MPA em forma de E com espuma e FR-4 como substrato (Projeto-1)

O patch MPA em forma de E é composto, de cima para baixo, por terra (cobre), espuma (ε_r =1,06), FR-4 (ε_r =4,4) e patch em forma de E (cobre), como se mostra na

Figura 5.12. A alimentação coaxial é escolhida para uma melhor correspondência. Os valores dos parâmetros são apresentados na Tabela 5.2.

5.2.2.1.2   PROJECTOS DE ANTENAS-2&3

O projeto-2 é composto por uma placa passiva (cobre) de cima para baixo com as dimensões $L_p \times W_p$ mm^2, camada-1 (substrato (FR-4) com espessura 'h_1', espuma com espessura 'h_2'), camada-2 (substrato (FR-4) com espessura 'h_1', espuma com espessura 'h_2') e terra (cobre), como mostra a figura 5.13. Do mesmo modo, o projeto-3 é composto, de cima para baixo, por uma placa passiva carregada com CSRR (cobre), camada-1, camada-2 e terra, como se mostra na Figura 5.13.

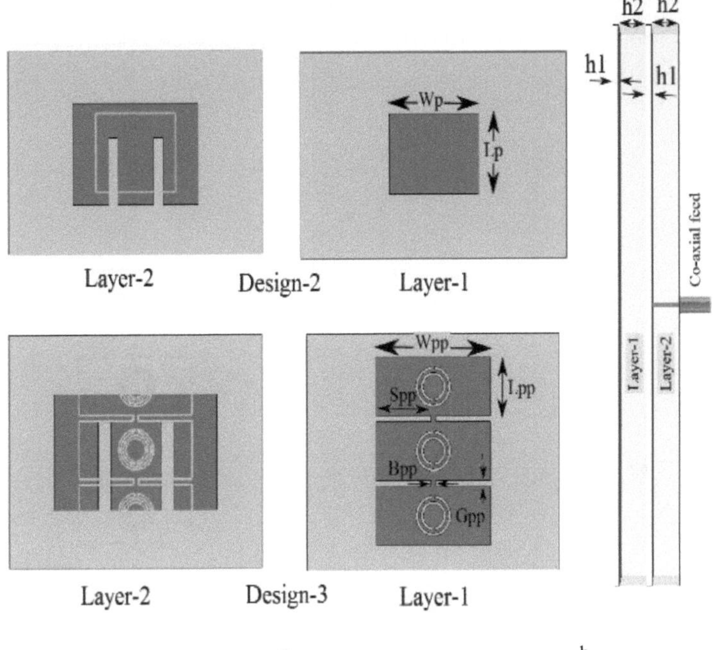

Figura 5.13. (a). Vista superior das concepções 2 e 3, (b). Vista lateral das concepções 2 e 3

Tabela 5.2. Valores dos parâmetros de projeto

S.N.	Parâmetro	Valor (mm)	Parâmetro	Valor (mm)
1	W_e	70	E_w	20

S.N.	Parâmetro	Valor (mm)	Parâmetro	Valor (mm)
2	L_e	45	W_p	45
3	W_s	140	L_p	20
4	L_s	90	W_{pp}	45
5	h_1	1.6	L_{pp}	20
6	h_2	8	S_{pp}	21.5
7	E_g	5	B_{pp}	2
8	E_l	30	G_{pp}	2

5.2.2.2 RESULTADOS E DEBATES

Os resultados da simulação são apresentados nesta secção. Os resultados incluem a perda de retorno, a distribuição da corrente de superfície (SCD), o padrão de radiação e o ganho 3-D.

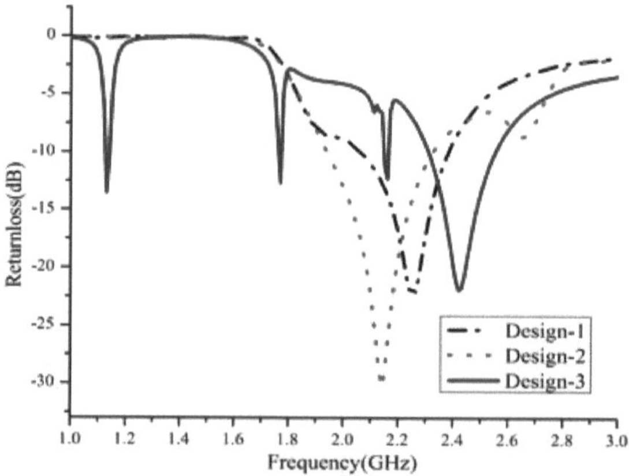

Figura 5.14. Comparação da perda de retorno entre os três projectos

A Figura 5.14 mostra a perda de retorno em função da frequência para os três projectos 1, 2 e 3. Observa-se que o projeto 1 tem uma banda larga na frequência central de 2,25 GHz com uma gama de largura de banda de 2,06-2,38 GHz. O projeto-2 mostrou uma banda larga na frequência central de 2,15 GHz com uma gama de 1,93-2,35 GHz. Enquanto o design-3 mostrou ressonância em três frequências 1,13, 1,77 e 2,4 GHz. Observa-se um BW de ~250 MHz na frequência central de 2,4 GHz. No entanto, este projeto mostrou uma largura de banda fraca em frequências na região da banda L.

5.2.2.2.1   ANÁLISE DA CONCEÇÃO-1

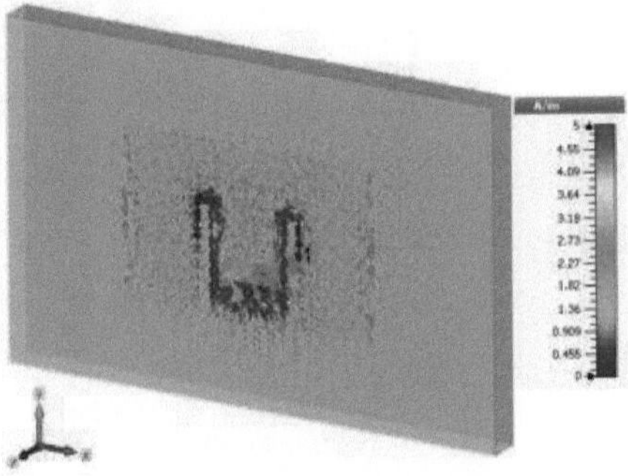

Figura 5.15. SCD do Projeto-1 à frequência de 2,25 GHz

O SCD da antena do projeto-1 à frequência de ressonância de 2,25 GHz é apresentado na Figura 5.15. Observa-se uma distribuição máxima da corrente na placa, em particular entre as ranhuras da antena design-1, o que corresponde à radiação desta secção da placa.

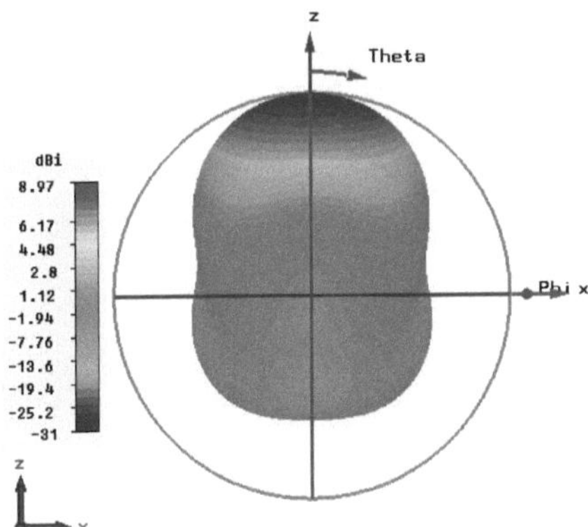

Figura 5.16. Ganho 3D de um Design-1 na frequência de 2,25 GHz

O ganho 3D do projeto-1 é apresentado na Figura 5.16. O ganho simulado do projeto-1 é de 8,97 dBi à frequência de 2,25 GHz.

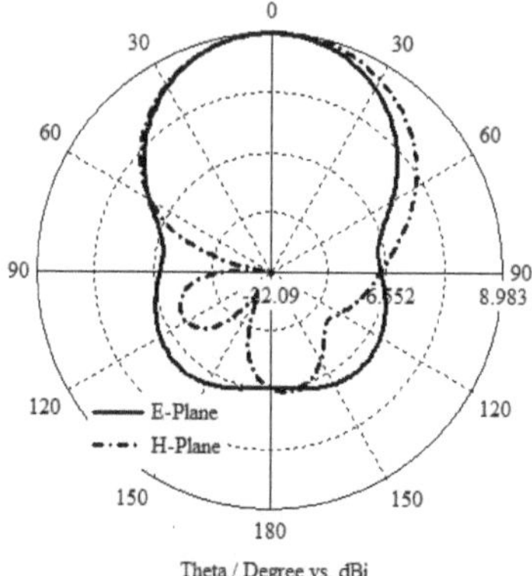

Figura 5.17. Padrões de radiação dos planos E e H do projeto-1 à frequência de 2,25 GHz

O padrão de radiação nos planos E e H para um projeto-1 à frequência de ressonância de 2,25 GHz é apresentado na Figura 5.17.

5.2.2.2.2 ANÁLISE DA CONCEÇÃO-2

O SCD do projeto-2 a 2,15 GHz é apresentado na Figura 5.18. Observa-se que a placa ativa em forma de E está a acoplar com a placa passiva.

Figura 5.18. SCD do Projeto-2 à frequência de 2,15 GHz

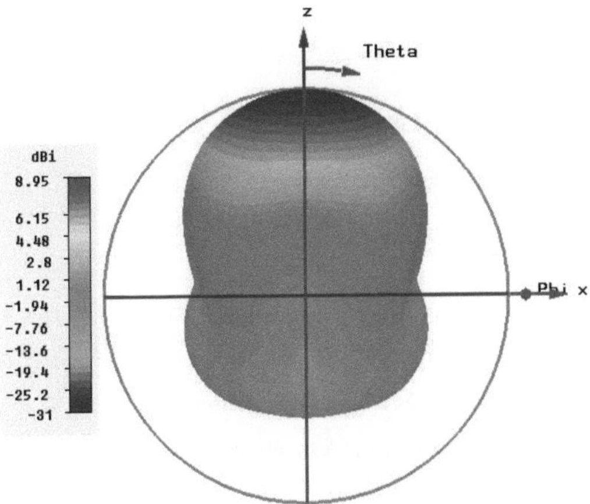

Figura 5.19. Ganho 3-D na frequência de 2,15 GHz de um design-2

O ganho 3D do projeto-2 é apresentado na Figura 5.19. O ganho simulado para o projeto-2 é de 8,95 dBi à frequência de 2,15 GHz.

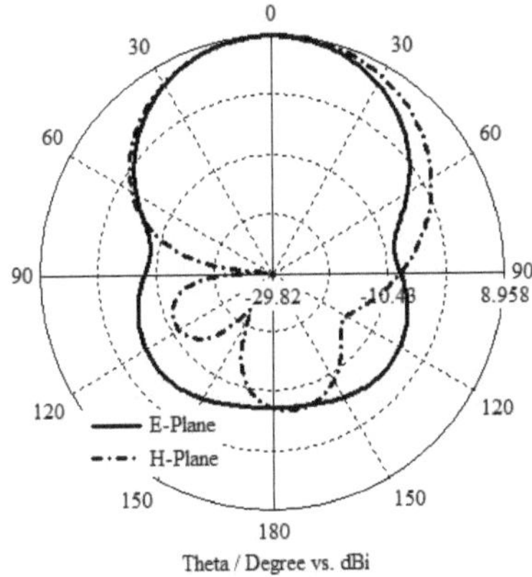

Figura 5.20. Padrões de radiação dos planos E e H do projeto-2 à frequência de 2,15 GHz

As propriedades de radiação do projeto-2 à frequência de 2,15 GHz são apresentadas na Figura 5.20.

5.2.2.2.3 ANÁLISE DA CONCEÇÃO-3

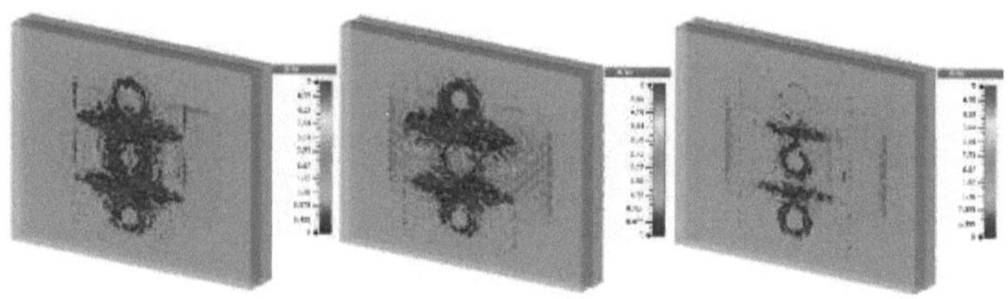

a. b. c.

Figura 5.21. SCDs do projeto-3 às frequências (a). 1.13, (b). 1,77 e (c). 2,4 GHz

O projeto-3 tem três estruturas CSRR na placa passiva. O SCD do projeto-3 é apresentado na Figura 5.21 a três frequências. Observa-se que o SCD é um máximo da estrutura CSRR nas três frequências respectivas. O ganho das três frequências 1,13, 1,77 e 2,4 GHz é de 4,2, 7,28 e 9,01 dBi.

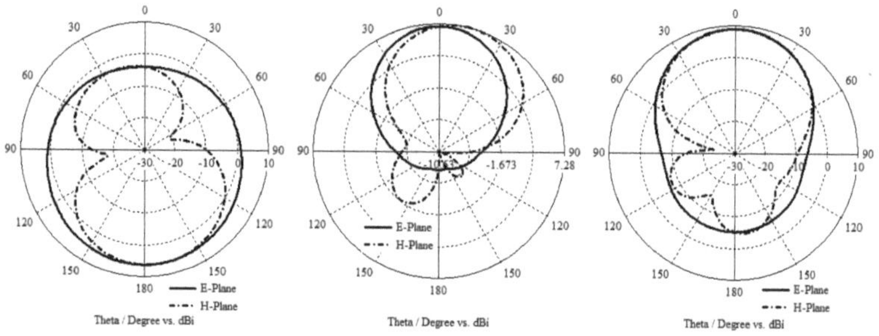

a. b. c.

Figura 5.22. Padrões dos planos E e H de Design-3 nas frequências (a). 1.13, (b). 1,77 e (c). 2,4 GHz

A Figura 5.22(a), (b) e (c) mostra os padrões de campos normalizados nos planos E- e H- a 1,13, 1,77 e 2,4 GHz, respetivamente.

5.2.2.3 CONCLUSÃO

Foi concebida uma antena de substrato multi-camada e multi-banda com uma antena CSRR de patch ativo em forma de E para aplicações LAN sem fios 4G LTE e Wi-MAX. Ao incorporar o CSRR no design-3, observou-se que o design-3 ressoou em três frequências 1,13, 1,77 e 2,4 GHz com ganhos de 4,2, 7,28 e 9,01 dBi. Foi observada uma BW de ~250 MHz na frequência central de 2,4 GHz. Cobriu frequências nas bandas L e S.

5.2.3 ANTENA DE MICROFITA COM CARGA CSRR

Este trabalho investiga o estudo de MPAs carregados com ressonadores de anel dividido complementares (CSRRs) simples e múltiplos. São examinados três projectos diferentes com MPAs carregados com CSRR e comparados os resultados obtidos com patches sem CSRR. A miniaturização do MPA e a ressonância de frequência multibanda foram observadas com o aumento do número de CSRRs nos patches dos modelos. O projeto 1 é ressonante na frequência de 5,5 GHz, o projeto 2 é ressonante na frequência de 5,27 GHz, o projeto 3 é ressonante em duas frequências de 5,16 e 7,12 GHz e o projeto 4 é ressonante em quatro frequências diferentes de 4,65, 5,04, 5,84 e 7,85 GHz, respetivamente. São estudadas as distribuições de corrente de superfície e os padrões de radiação dos quatro modelos.

As recentes aplicações globais relacionadas com as tecnologias sem fios e os sistemas aerotransportados procuram sistemas de pequenas dimensões. Neste contexto, a conceção de antenas compactas e miniaturizadas é importante para estes sistemas. Já foram comunicadas muitas técnicas para a conceção de antenas de pequenas dimensões. Utilizando um substrato dielétrico de elevada permissividade, é possível reduzir o tamanho da MPA (Behdad e Sarabandi, 2004). Também foi relatado o uso de ranhuras no patch da MPA e com SRR ou CSRR no patch ou no solo (Zhao et al., 2011; Lee et al., 2007 e Jang et al., 2012). O SRR ou o CSRR têm interesse para o projeto de meios canhotos, que apresentam características muito interessantes de permeabilidade e permissividade negativas em frequências de micro-ondas (Caloz e Itoh, 2006). O pacote de software CST é utilizado para a conceção e simulação do estudo da antena proposta. Neste estudo, são propostos quatro projectos de MPA com e sem ressonador de anel dividido complementar. Os resultados da simulação são apresentados e discutidos.

5.2.3.1 GEOMETRIA DA ANTENA

A geometria dos quatro modelos de MPA é $L_s \times W_s$ mm^2 respetivamente, como indicado nas figuras 5.23 e 5.24. Os patches das quatro antenas têm dimensões $L_p \times W_s$ mm^2 com uma ligeira inclinação nos cantos e a espessura das quatro antenas é dada como "h". Fr-4 (ε_r =4,4) é utilizado como substrato na conceção da antena-1. Para uma melhor correspondência, é utilizada uma alimentação de sonda coaxial. É estudada a comparação de quatro patches com CSRR carregado sobre eles. A MPA habitual é analisada sem alteração dos parâmetros acima referidos. O projeto do MPA-2 foi concebido com três CSRR no patch apresentado na Figura 5.24(a). As dimensões do CSRR são dadas como raio $'S_r'$ largura do CSRR $'S_p'$ e um intervalo no CSRR como $'S_0'$.

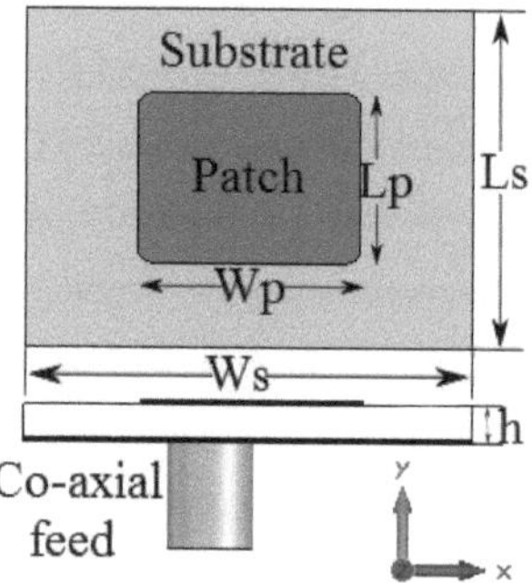

Figura 5.23. Vista superior e vista lateral da MPA Design-1

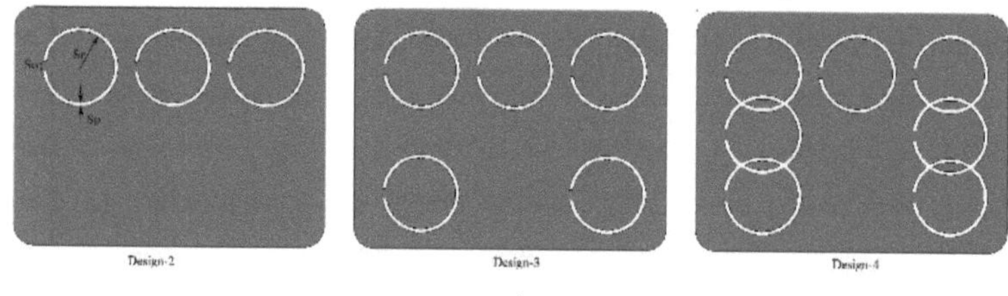

a b c

Figura 5.24. Patches carregados de CSRRs do MPA (a). Projeto-2, (b). Projeto-3 e (c). Projeto-4

A distância do centro de um patch até o centro do CSRR médio é de 3,1 mm e a distância entre dois CSRR é de 0,8 mm, respetivamente. O projeto de MPA-3 foi concebido com cinco CSRR na área de aplicação mostrada na Figura 5.24(b). A MPA design-4 foi desenvolvida com sete CSRR no patch ilustrado na Figura 5.24(c). A Tabela 5.3 mostra os parâmetros do patch e do CSRR.

Tabela 5.3. Valores dos parâmetros geométricos de MPA e CSRR

S.N.	Parâmetro	Valores (mm)	Parâmetro	Valores (mm)
1	W_s	32	h	1.6
2	L_s	24	S_r	1.8
3	W_p	16	S_p	0.2
4	L_p	12	S_0	0.5

5.2.3.2 RESULTADOS E DISCUSSÕES

Os resultados da simulação das quatro concepções acima mencionadas são examinados com gráficos simples, como a perda de retorno, as distribuições de corrente de superfície e os padrões de radiação. A comparação da perda de retorno para os quatro modelos é apresentada na Figura 5.25. Sem qualquer estrutura CSRR, a antena tem a ressonância a 5,5 GHz. Devido a três CSRR no patch do design-2, ela tem uma ressonância em 5,27 GHz. Aqui foi observada uma deslocação de 230 MHz na frequência. No caso do projeto-3, devido a cinco CSRR no remendo, tem uma ressonância a duas frequências 5,16 e 7,12 GHz, tendo-se observado aqui uma deslocação de 380 MHz na frequência na mesma ressonância de frequência multibanda. Por último, o projeto-4 apresentou uma ressonância em três frequências (4,65, 5,04 e 5,84 GHz) devido a sete estruturas CSRR no remendo. Foi observada uma ressonância multibanda e uma deslocação das frequências.

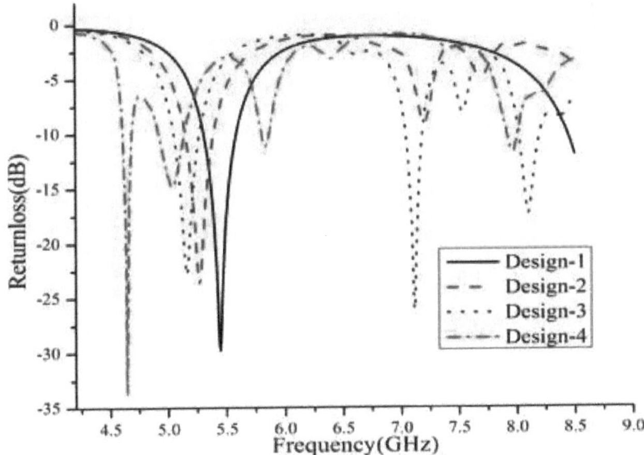

Figura 5.25. Comparação da perda de retorno entre a conceção-1, a conceção-2, a conceção-3 e a conceção-4

5.2.3.2.1   PROJETO-1

Verifica-se que a MPA design-1 é ressonante a 5,5 GHz. A distribuição da corrente de superfície à frequência de 5,5 GHz é mostrada na Figura 5.26(a). A Figura 5.26(b) mostra o padrão de radiação no plano E e no plano H a 5,5 GHz. O ganho é dado como 6,87 dBi.

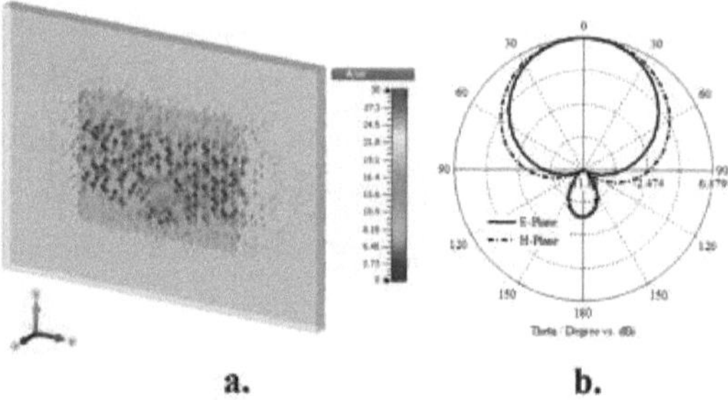

Figura 5.26. (a). Distribuição de corrente para o projeto-1 à frequência de 5,5 GHz, (b). Padrão de radiação para o projeto-1 à frequência de 5,5 GHz

5.2.3.2.2   CONCEÇÃO-2

A MPA design-2 é ressonante na frequência de 5,27 GHz, a distribuição da corrente de superfície na frequência ressonante é mostrada na Figura 5.27(a). O padrão de radiação no plano E e no plano H do projeto MPA-2 é apresentado na Figura 5.27(b). O ganho é de 6,77 dBi.

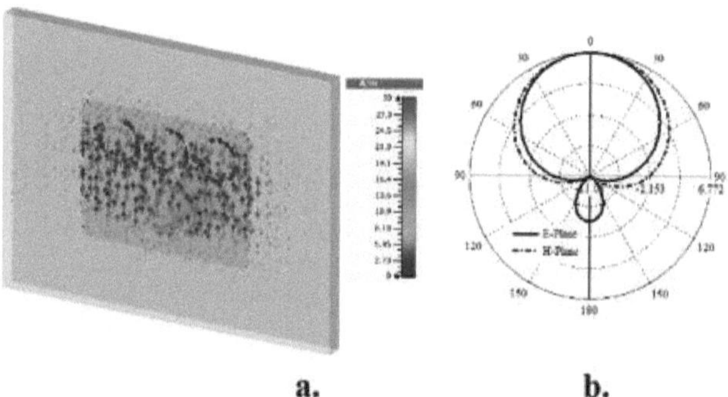

Figura 5.27. (a). Distribuição de corrente para o projeto-2 à frequência de 5,27 GHz, (b). Padrão de radiação para o projeto-2 à frequência de 5,27 GHz

5.2.3.2.3   DESENHO-3

A MPA design-3 ressonante em duas frequências 5,16 e 7,12 GHz e a distribuição da corrente de superfície para ambas as frequências é a Figura 5.28(a). Os padrões de

100

radiação dos planos E e H em ambas as frequências são apresentados na Figura 5.28(b). O ganho a estas frequências é de 6,72 dBi e 6,13 dBi.

5.2.3.2.4   CONCEÇÃO-4

A distribuição da corrente de superfície para o projeto MPA-4 é apresentada na Figura 5.29 (a). A distribuição da corrente de superfície é estudada para três frequências. Os valores de ganho para as três frequências são 6,27 dBi, 6,66 dBi e 6,66 dBi, respetivamente. O padrão de radiação nos planos E e H para o projeto MPA-4 é apresentado na Figura 5.29(b).

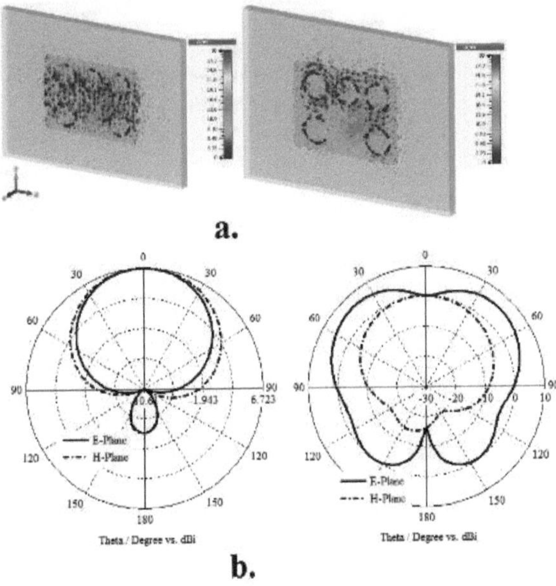

Figura 5.28. (a). Distribuição de corrente, (b). Padrão de radiação para o projeto-3 às frequências de 5,16 e 7,12 GHz

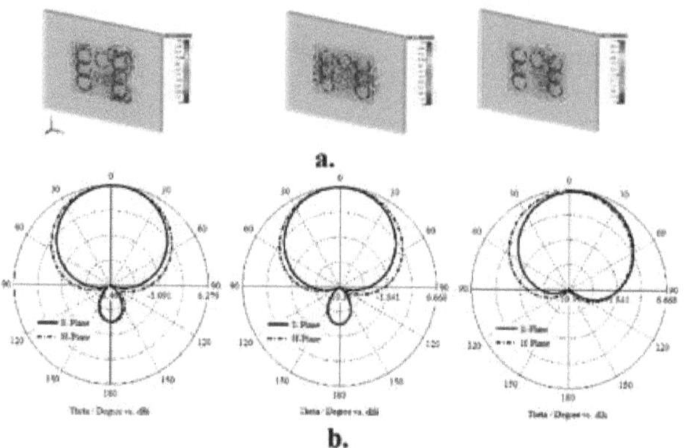

Figura 5.29. (a). Distribuição de corrente, (b). Padrão de radiação para o Design-4 nas frequências de 4,65, 5,04 e 5,84 GHz

5.2.3.3 CONCLUSÃO

Foram simuladas numericamente quatro estruturas de MPA. Verificou-se que uma antena sem qualquer CSRR ressonava apenas numa frequência, enquanto uma antena com ressonadores simples e múltiplos apresentava mais do que uma ressonância. Os ressonadores tornam a antena multibanda que pode ser explorada para aplicações espaciais e aéreas.

5.3 ANTENA MINIATURIZADA MULTIBANDA BASEADA EM FORMA DE S

Esta secção investiga a conceção do MPA MTM para aplicações multibanda, de banda larga e miniaturizadas. A superfície de impedância reactiva carregada em forma de S da célula unitária MTM (S-RIS) é analisada para antenas de remendo de forma quadrada e triangular. A matriz de células unitárias S-RIS formou uma metassuperfície para a MPA. Observa-se que o patch de forma triangular proporciona uma largura de banda elevada de 2 GHz com um ganho direcional de 5,53 dBi, enquanto a forma quadrada proporciona ressonância em duas frequências. Observam-se ressonâncias multi-frequência na banda C (4-8 GHz) utilizando esta antena MTM recentemente concebida.

5.3.1 PORMENORES DA CONCEÇÃO DA ANTENA

102

As células unitárias para a camada RIS de projeto têm uma estrutura em forma de S. A estrutura da célula é explicada e analisada nas subsecções seguintes.

5.3.1.1 ESTUDO DA CÉLULA UNITÁRIA RIS COM CARGA EM FORMA DE S

A célula unitária é composta, de cima para baixo, por substrato, seguido de S-RIS, substrato e terra, respetivamente. Os materiais utilizados na célula unitária são o substrato FR-4 com permissividade 4,3, tangente de perda 0,0012, a massa e o S-RIS é cobre/condutor elétrico perfeito. As dimensões da largura e do comprimento da célula unitária são iguais e designadas por "R_w", tendo a estrutura do S- as dimensões designadas por "S_1", "S_2" e "S_3". As condições de fronteira são estudadas e mostradas nas Figuras 3.41 e 3.42.

5.3.1.2 TRAÇADO DA FASE DE REFLEXÃO

O gráfico comparativo da fase de reflexão versus frequência para o S-RIS é apresentado na Figura 3.41. A fase de reflexão varia de -180^0 a $+180^0$ na gama de frequências de 0 a 10 GHz no caso da célula unitária S-RIS.

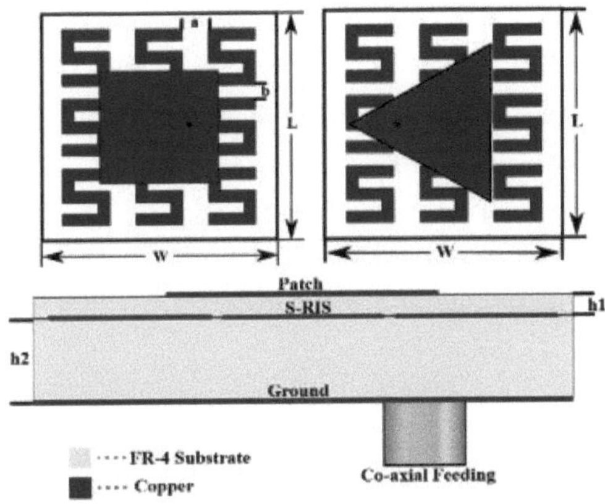

a.

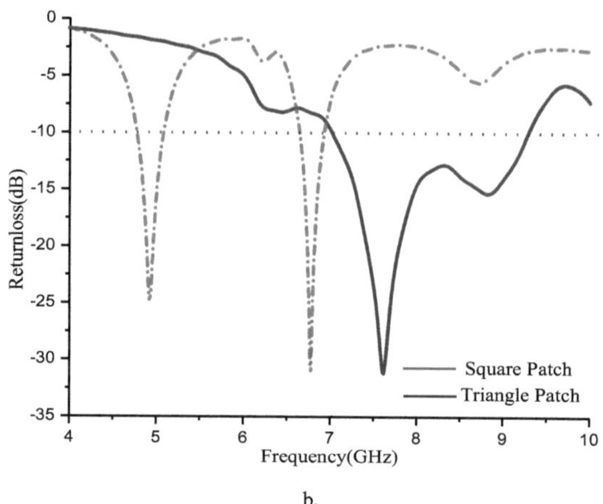

b.

Figura 5.30. (a). Vistas superior e lateral do MPA quadrado e triangular carregado com S-RIS, (b). Comparação das características de perda de retorno S-RIS carregado com MPA quadrado e triangular

A vista superior e a vista lateral do MPA carregado com S-RIS de forma quadrada e triangular são apresentadas no capítulo 4. As dimensões gerais do MPA carregado com S-RIS em forma de quadrado são W×L mm^2 , a largura e o comprimento do remendo são 10×10 mm^2 , como mostra a Figura 5.30(a). A espessura dos substratos é h_1 e h_2 . A posição de alimentação é optimizada para um valor específico a partir do centro da mancha. Do mesmo modo, a dimensão total da MPA S-RIS triangular é W×L mm^2 , o comprimento do lado do triângulo equilátero é de 8 mm. O MPA quadrado carregado com S-RIS ressoa a duas frequências na banda C, 4,8 e 6,8 GHz, como mostra a Figura 5.30(b). No caso do MPA triangular carregado com S-RIS, a ressonância tem uma largura de banda elevada na gama de frequências de 7-9,2 GHz, abrangendo as frequências da banda C e da banda X.

Tabela 5.4. Valor dos parâmetros da célula unitária e da antena do S-RIS

S.N.	1	2	3	4	5	6	7	8	9	10
Parâmetro	R_w	S_1	S_2	S_3	h_1	h_2	W	L	a	b
Valor (mm)	5.4	1	1	3	0.8	3.2	20	20	0.8	0.8

5.3.2 RESULTADOS E DEBATES

A electromagnética de dois patches de formas quadrada e triangular é analisada com o S-RIS utilizando a simulação de onda completa do CST. O gráfico caraterístico da perda de retorno versus frequência para o quadrado e o triângulo carregados com S-RIS é apresentado na Figura 5.30. Verifica-se que o MPA quadrado é ressonante em duas frequências 4,8 e 6,8 GHz na banda C. No caso do triângulo carregado com S-RIS, a ressonância ocorre com uma largura de banda elevada na gama de frequências de 7-9,2 GHz, abrangendo as frequências da banda C e da banda X, respetivamente. Esta estrutura apresentou ressonância a 7,6 GHz. O ganho de diretiva para o MPA quadrado S-RIS é de 5,9 dBi a 4,8 GHz, enquanto que para o MPA triangular S-RIS o ganho de diretiva a 8,1 GHz é de 5,53 dBi. Observou-se que ambas as estruturas apresentaram um ganho elevado nas frequências de ressonância. A forma quadrada é ressonante em duas frequências, enquanto o patch triangular é ressonante apenas numa frequência com elevada largura de banda e ganho. Ambas as concepções apresentam miniaturização e elevado desempenho. Devido às considerações relativas à miniaturização e ao ganho, as concepções propostas podem ser utilizadas para conceber e fabricar uma antena de matriz em fase para SAR para aplicações de banda dupla e de elevada largura de banda. A miniaturização do conjunto de antenas conduz à redução do peso das cargas activas de observação da Terra para plataformas aéreas ou espaciais. Está ainda planeada a utilização destas estruturas para a conceção de antenas de matriz para aplicações SAR montadas em UAV.

5.3.3 CONCLUSÃO

São projectadas e estudadas duas estruturas de antena carregadas com S-RIS de forma quadrada e triangular equilátera. Observa-se que o patch triangular proporciona uma largura de banda de 2 GHz e 5,53 dBi. O patch quadrado proporciona uma ressonância de dupla frequência na banda C com uma correspondência de impedância muito boa a 4,8 e 6,8 GHz. O MTM na estrutura proporciona uma miniaturização de mais de 30% de uma antena. Uma vez que permite uma minimização significativa do peso total da antena, existe uma grande margem de manobra para ser utilizada em sensores espaciais ou aéreos para observação da Terra. A conceção de uma antena de matriz de baixo perfil para um sistema SAR baseado em UAV utilizando estas estruturas será uma aplicação significativa.

Capítulo 6

Conclusão

Este capítulo trata da síntese de todo o trabalho de tese.

Nesta tese, foram feitos esforços para conceber uma antena miniaturizada de banda dupla e multibanda para aplicações sem fios e de radar para frequências de micro-ondas. Foram projectadas, simuladas e fabricadas várias estruturas de metassuperfície para tornar a antena mais compacta do que os modelos MPA convencionais.

As antenas MTM são concebidas para a banda C e observa-se uma miniaturização em relação à antena convencional. A MPA O-RIS é ressonante a 5,4 GHz com um ganho direcional de 6,02 dBi, enquanto a MPA CO-RIS é ressonante a 4,5 GHz com um ganho direcional de 5,79 dBi.

A antena fractal Koch baseada na H-RIS foi concebida e testada. Apresentou ressonância em duas frequências, na banda S e na banda C, e pode ser utilizada em aplicações de banda dupla, como o sistema de antena SAR aerotransportada. Os padrões de radiação são de natureza direcional e o ganho nas bandas S e C é de cerca de 6,11 dBi e 3,99 dBi, respetivamente.

Foi projetado, fabricado e medido um MMPA de camada dupla para aplicações sem fios e de radar na banda S. A estrutura MTM é concebida como um elemento constitutivo do SR-RIS. Um meio MTM composto por dois SR-RISs tornou a estrutura da antena ressonante em duas frequências: 2,73 GHz e 3 GHz. A largura de banda fraccionada medida com uma correspondência de impedância de 10 dB é de 7,27% (200 MHz) a 2,73 GHz e de 3,33% (100 MHz) a 3 GHz. Verifica-se um desvio de cerca de 90 MHz nas frequências entre o resultado medido e o simulado, principalmente devido a imperfeições na montagem e ao nível de tolerância. Observa-se uma miniaturização de 33% no design, o que ajuda o design a nível do sistema a ser mais compacto e robusto com mais de 4 dBi de ganho. O baixo perfil e o design compacto com elevado ganho tornam a antena altamente aplicável a aplicações de banda S dupla.

O MTM DS-RIS é utilizado para simular antenas de forma quadrada e triangular. Observou-se que as estruturas da antena apresentam uma miniaturização de mais de 35% à frequência de 4,5 GHz em comparação com as concepções convencionais de

MPA. Além disso, são discutidos os resultados de dois patches diferentes, como os MPAs DS-RIS quadrados e triangulares. A partir deste estudo, pode concluir-se que é possível conceber antenas altamente compactas que são ressonantes em três frequências na banda C. Os ganhos direccionais de duas antenas são observados acima de 5,4 dBi. Finalmente, a miniaturização da antena e as frequências multibanda são alcançadas. A antena DS-RIS pode ser utilizada em aplicações de banda C.

Foi feita uma tentativa de conceber uma antena multi-frequência multi-banda utilizando MTM (CSRR-RIS). Observou-se que a antena de remendo CSRR-RIS em forma de estrela com um único elemento é ressonante nas bandas C e X. O patch em estrela de 5 elementos obteve o melhor ganho de 10,6 dBi entre as três formas. A antena CSR-RIS tem uma forma de feixe esplêndida nas bandas C e X. O conjunto de antenas em estrela pode ser utilizado para a conceção de antenas SAR com um peso de carga útil reduzido, com um ganho elevado e uma largura de feixe estreita. Foram simuladas numericamente quatro estruturas de MPA. Verificou-se que uma antena sem qualquer CSRR é ressonante apenas numa frequência, enquanto a antena com ressonadores simples e múltiplos apresentou mais do que uma ressonância. Os ressonadores tornam a antena multibanda, que pode ser explorada tanto para aplicações espaciais como aéreas.

Foi concebida uma antena de substrato multi-camada e multi-banda com uma antena CSRR de patch ativo em forma de E para aplicações LAN sem fios 4G LTE e Wi-MAX. Ao incorporar o CSRR no design-3, observou-se que o design-3 ressoou em três frequências 1,13, 1,77 e 2,4 GHz com ganhos de 4,2, 7,28 e 9,01 dBi. Foi observada uma BW de ~250 MHz na frequência central de 2,4 GHz. Cobriu frequências nas bandas L e S.

Foram simuladas numericamente quatro estruturas de MPA. Verifica-se que uma antena sem qualquer CSRR é ressonante apenas numa frequência, enquanto uma antena com CSRR simples e múltiplo é ressonante em mais do que uma frequência. Os ressonadores tornam a antena multibanda que pode ser explorada para aplicações de radar espaciais e aéreas.

São projectadas e estudadas duas estruturas de antena carregadas com S-RIS de forma quadrada e triangular equilátera. Observa-se que o patch triangular proporciona uma largura de banda de 2 GHz e um ganho de 5,53 dBi. O patch quadrado proporciona uma ressonância de dupla frequência na banda C com uma correspondência de impedância muito boa a 4,8 e 6,8 GHz. O MTM na estrutura permite a miniaturização de mais de 30% de uma antena. Uma vez que permite uma minimização significativa do tamanho total da antena, existe uma grande possibilidade de utilização em sensores espaciais ou aéreos para observação da Terra. O quadro 7.1 mostra a percentagem de miniaturização com diferentes RIS de camada única e de camada dupla. A antena concebida com um RIS de camada dupla constituído por uma matriz de MTM em forma de ómega apresenta a maior miniaturização, 71,6%, em relação à antena convencional a 5,6 GHz. A miniaturização da antena varia de 41% a 60% com RIS baseados em MNG e ENG MTM.

Foram utilizados radiadores unitários miniaturizados carregados com RIS para conceber uma antena de matriz planar não linear de baixo perfil para um sistema SAR aerotransportado que requer um ganho de cerca de 20 dBi. Tal como no caso dos radiadores unitários, é possível uma redução de 40 a 70 por cento das dimensões da antena de matriz com um ganho superior ao da antena de matriz convencional.

6.1 Trabalho futuro

Analisando a conceção e as aplicações dos metamateriais artificiais, verificámos as potencialidades das metassuperfícies multifuncionais constituídas por células unitárias MNG e ENG, que podem ser utilizadas para a conceção de antenas mais compactas utilizando RIS não lineares simétricos e assimétricos. O sistema RIS multicamadas pode levar à resolução do problema de cancelamento de imagem na conceção de MPA para várias aplicações.

Se estivermos à procura de uma antena altamente compacta, pode tentar-se uma superfície metamaterial de várias camadas em combinação com RIS com base em células unitárias de forma igual ou diferente. A seguir, pode pensar-se em melhorar a conceção da antena e dos absorvedores de radiação.

- Os projectos baseados em metassuperfícies podem ser utilizados para melhorar a largura de banda em antenas de micro-ondas e de ondas milimétricas.

- A antena multicamada baseada em plasmon de superfície Metamatrial pode ser concebida para desenvolver uma nova geração de antenas para aplicações de ondas mm e sub mm.

- Após a aplicação de condições de fronteira adequadas, é possível conceber uma nova geração de absorventes que vão desde as micro-ondas até à radiação THz com elevada eficiência para aplicações de defesa.

A comunidade da teledeteção por micro-ondas está sempre à procura de uma carga útil compacta e eficiente, transportada pelo ar ou pelo espaço, para a observação da Terra em todas as condições meteorológicas, de dia e de noite. Para tornar a estrutura mais compacta, podem tentar-se outros componentes activos e passivos de RF baseados em RIS ou metassuperfície. Todo o sistema de transreceptor pode ser altamente compacto, o que pode levar a uma carga útil mais leve e eficiente com capacidade de polarização dupla ou quádrupla. Um dos sensores activos utilizados atualmente é o SAR. A antena do sistema SAR e todo o módulo TX/RX podem ser miniaturizados de 40% a 70% se for utilizada uma metassuperfície de impedância reactiva baseada em MNG ou ENG para conceber os componentes individuais do sistema de transreceptor.

REFERÊNCIAS

Afshari, E., S. Saadat e H. Mosallaei (2013). Radiation-efficient 60 GHz on-chipole antenna realised by reactive impedance metasurface, *IET Microwaves, Antennas & Propagation,* Vol. 7, No. 2, pp. 98-104.

Agarwal, K. e A. Alphones (2013). Antenas de microfita circularmente polarizadas compactas baseadas em RIS, *IEEE Transactions on Antennas and Propagation,* Vol. 61, No. 2, pp. 547-554.

Agarwal, K., Nasimuddin e A. Alphones (2012). Compact asymmetric-cross slotted microstrip antenna on reactive impedance surface, *IEEE Asia-Pacific Conference on Antennas and Propagation (APCAP 2012),* pp. 51-52, Singapura.

Agarwal, K., N. Nasimuddin e A. Alphones (2013). Antenas de microfita circularmente polarizadas compactas baseadas em RIS, *IEEE Transactions on Antennas and Propagation,* Vol. 61, pp. 547-554.

Agarwal, K., T. Mishra, M.F. Karim, N. Nasimuddin, M.O.L. Chuen, Y.X. Guo e S.K. Panda (2013). Sistema de colheita de energia sem fio altamente eficiente usando antena CP compacta baseada em metamaterial, *IEEE MTT-s 2013 International Microwave Symposium,* Seattle, Washington, pp. 5-8, EUA.

Agarwal, K., Y.X. Guo, Nasimuddin e A. Alphones (2013). Antena de microfita empilhada circularmente polarizada de banda dupla sobre RIS para aplicações GPS, *Simpósio Internacional Sem Fio IEEE (IWS 2013),* Pequim, Vol. 2, pp. 2-5, China.

Altunyurt, N., M. Swaminathan, R. Pulugurtha, e V. Nair (2009). Analysis on the miniaturization of reactive impedance surfaces with magneto-dielectrics, *Simpósio Internacional da Sociedade de Antenas e Propagação do IEEE,* Charleston, Carolina do Sul, pp. 1-4, EUA.

Ayoub, A.F.A. (2003). Analysis of retangular microstrip antennas with air substrates, *Journal of Electromagnetic Waves and Applications*, Vol. 17, No. 12, pp. 1755-1766.

Baena, J.D., R. Marques e F. Medina (2004). Projeto de metamateriais magnéticos artificiais utilizando ressonadores em espiral, *Physical Review B*, Vol. 69, No. 1, pp. 014402.

Balanis, C.A. (2005), Antenna Theory: Analysis and Design. John Wiley & Sons, Nova Iorque.

Behdad, N. e K. Sarabandi (2004). Bandwidth enhancement and further size reduction of a class of miniaturized slot antennas, *IEEE Transaction on Antennas and Propagation*, Vol. 52, No. 8, pp. 1928-1935.

Bernard, L. e V. Jaeck (2013). Investigações sobre o aumento da largura de banda de phased array impresso de baixo custo com Substratos de Impedância Reactiva, *Simpósio Internacional IEEE sobre Sistemas e Tecnologia de Phased Array (ARRAY 2013)*, Waltham, Massachusetts, pp. 279-284, EUA.

Bhattacharyya, A.K. e R. Garg (1986). Effect of substrate on the efficiency of an arbitrarily shaped microstrip patch antenna, *IEEE Transactions on Antennas and Propagation*, Vol. 34, No. 10, pp. 1181-1188.

Buell, K., D. Cruickshank, H. Mosallaei e K. Sarabandi (2003). Patch antenna over RIS substrate: A novel miniaturized wideband planar antenna design, *IEEE International Antennas and Propagation Symposium,* Columbus, Ohio, pp. 269-272, USA.

Caloz, C. e T. Itoh (2002). Application of the transmission line theory of left-handed (LH) materials to the realization of a microstrip LH line, *IEEE Antennas and Propagation Society International Symposium,* San Antonio, Vol. 2, pp. 412-415, Texas.

Caloz, C. e T. Itoh (2006). Metamateriais electromagnéticos: Transmission Line Theory and Microwave Application. John Wiley & Sons, Nova Iorque.

Choukiker, Y.K., S.K Sharma e S.K Behera (2014). Antena monopolar planar de forma fractal híbrida cobrindo comunicações sem fio multibanda com implementação MIMO para dispositivos móveis portáteis, *IEEE Transactions on Antennas and Propagation*, Vol. 62, pp. 1483-1488.

Choukiker, Y.K., e S.K Behera (2013). Antena fractal quadrada Sierpinski modificada cobrindo aplicação de banda ultra larga com características de entalhe de banda, *IET Microwaves, Antennas & Propagation,* Vol. 8, pp. 1-7.

Chung, H., Y. Lee e J. Choi (2010). Miniaturização de uma antena de leitor RFID UHF utilizando um magneto-dielétrico artificial, *Microwave and Optical Technology Letters,* Vol. 52, pp. 1926-1930.

Colburn, J.S., Y. Rahmat-Samii (1999). Patch antenna on externally perforated high dielectric constant substrates, *IEEE Transactions on Antennas and Propagation*, Vol. 47, No. 12, pp. 1785-1794.

Versão tecnológica da simulação informática (2014), www.cst.com.

Costa, F. e A. Monorchio (2010). Absorvedor de ondas electromagnéticas multibanda baseado em planos de terra de impedância reactiva, *IET Microwaves, Antennas & Propagation,* Vol. 4, No. 11, pp. 1720.

Derov, J.S., B.W. Turchinetz, E.E. Crisman, A.J. Drehman, S.R. Best e R.M.Wing (2005). Free space measurements of negative refraction with varying angles of incidence, *IEEE Microwave and Wireless Components Letters*, Vol. 15, No. 9, pp. 567-569.

Dong, Y. e T. Itoh (2011). Miniaturized patch antennas loaded with complementary split-ring resonators and reactive impedance surface, *Proceedings of the 5th European Conference on Antennas and Propagation (EUCAP)*, Rome, pp. 2415-2418, Italy.

Dong, Y., H. Toyao e T. Itoh (2011). Miniaturized zeroth order resonance antenna over a reactive impedance surface, *International Workshop on Antenna Technology (iWAT)*, Hong Kong, pp. 58-61, China.

Dong, Y., H. Toyao e T. Itoh (2012). Projeto e caraterização de antenas de patch miniaturizadas carregadas com ressonadores de anel dividido complementares, *IEEE Transactions on Antennas and Propagation*, Vol. 60, pp. 772-785.

Erentok, A., P.L. Luljak e R.W. Ziolkowski (2005). Characterization of a volumetric metamaterial realization of an artificial magnetic conductor for antenna applications, *IEEE Transactions on Antennas and Propagation*, Vol. 53, No. 1, pp. 160-172.

Foroozesh, A. e L. Shafai (2006). 2-D truncated periodic leaky-wave antennas with reactive impedance surface ground planes, *IEEE Antennas and Propagation Society International Symposium*, Albuquerque, New Mexico, Vol. 2, pp. 15-18, USA.

Gal, T., J.L. Salazar-Cerreno, G. Farquharson, e Y. Kuga (2014). Projeto de uma antena de matriz faseada alimentada em série conformal de banda C para radar de abertura sintética aerotransportado, *Simpósio Internacional IEEE sobre Antenas e Propagação e Reunião de Ciências de Rádio USNC-URSI*, Center Memphis, pp. 97, EUA.

Garg, R., P. Bhartia, I. Bahl e A. Ittipiboon (2001). Microstrip Antenna Design Handbook, Artech House, Norwood, Massachusetts, EUA.

Ge, Y., K.P. Esselle e T.S. Bird (2004). E-shaped patch antennas for high-speed wireless networks, *IEEE Transactions on Antennas and Propagation*, Vol. 52, No. 12, pp. 3213-3219.

Ge, Y., K.P. Esselle e T.S. Bird (2006). A compact E-shaped patch antenna with corrugated wings, *IEEE Transactions on Antennas and Propagation*, Vol. 54, No. 8, pp. 2411-2413.

Grbic, A. e G.V Eleftheriades (2002). A backward-wave antenna based on negative refractive index L-C networks, *Antennas and Propagation Society International Symposium*, San Antonio, Texas, Vol. 4, pp. 340-343, USA.

Hajji, M. e T. Aguili (2014). Estudo do comportamento da impedância de superfície do RIS contra incidência e polarização para antena miniaturizada, *2014 Loughborough Antennas and Propagation Conference, (LAPC 2014)*, Loughborough, pp. 538-542, Reino Unido.

Huangfu, J., L. Ran, H. Chen, X. Zhang, K. Chen, T. M. Grzegorczyk e J.A. Kong (2004). Confirmação experimental do índice de refração negativo de um metamaterial composto por padrões metálicos do tipo Ω, *Applied Physics Letters,* Vol. 84, No. 9, pp. 1537-1539.

Iyer, A.K., G.V Eleftheriades e T. Edward (2002). Negative refractive index metamaterials supporting 2-D waves, *MTT-S International Microwave Symposium Digest,* Seattle, Washington, Vol. 2, pp. 1067-1070, USA.

James, J.R. e P.S. Hall (1989). Handbook of Microstrip Antennas. IEE Electromagnetic Waves Series, Vol. 28, Peter Peregrinus Ltd., Londres.

Jang, H.A., D.O. Kim e C.Y. Kim (2012). Redução do tamanho do conjunto de antenas de patch usando plano de terra carregado com CSRRs, *Simpósio de Pesquisa em Progresso em Eletromagnetismo*, Kuala Lumpur, pp. 1487-1489, Malásia.

Lai, A., C. Caloz, e T. Itoh, B (2004). Composite right/left-handed transmission line metamaterials, *IEEE Microwave Magazine,* Vol. 5, No. 3, pp. 34-50.

Lee, K.F., K.M. Luk, K.F. Tong, S.M. Shum, T. Huynh e R.Q. Lee (1997). Experimental and simulation studies of the coaxially fed U-slots retangular patch antenna, *IEE Proceedings - Microwaves, Antennas and Propagation*, Vol. 144, No. 5, pp. 354-358.

Lee, Y., S. Tse, Y. Hao e C.G. Parini (2007). A compact microstrip antenna with improved bandwidth using complementary split-ring resonator (CSRR) loading, *IEEE Antennas and Propagation Society International Symposium*, Honolulu, Hawaii, pp. 5431-5434, USA.

Lu, F., L. Zhi-gang, C. Jie e Z. Shou-zheng (2014). Projeto de uma antena de patch de microfita quadrada polarizada circularmente de vários sistemas para dispositivos de navegação GNSS, *3ª Conferência Ásia-Pacífico de 2014 sobre Projeto de Antenas e Propagação* (APCAP 2014), Harbin, pp. 476-479, China.

Manteghi, M. (2009). Cálculo analítico da correspondência de impedância para patch de microfita alimentado por sonda, *IEEE Transactions on Antennas and Propagation*, Vol. 57, pp. 3972-3975.

Mosallaei, H. e K. Sarabandi (2003). Nova superfície de impedância reactiva artificial para a conceção de antenas planas de banda larga miniaturizadas: conceito e caraterização, *IEEE Antennas and Propagation Society International Symposium. Digest*, Columbus, Ohio, Vol. 02, pp. 403-406, EUA.

Mosallaei, H. e K. Sarabandi (2004). Antenna miniaturization and bandwidth enhancement using a reactive impedance substrate, *IEEE Transactions on Antennas and Propagation*, Vol. 52, pp. 2403-2414.

Mosallaei, H. e K. Sarabandi (2004). Embedded-circuit and RIS meta-substrates for novel antenna designs, *IEEE Antennas and Propagation Society Symposium*, Monterey, California, Vol. 01, pp. 301-304, USA.

Niamien, C., S. Collardey, A. Sharaiha e K. Mahdjoubi (2011). Expressões compactas para a eficiência e a largura de banda de antenas de remendo sobre materiais magneto-dielectricos com perdas, *IEEE Antennas and Wireless Propagation Letters*, Vol. 10, pp. 63-66.

Niamien, C., S. Collardey, K. Mahdjoubi e A. Sharaiha (2010). Surface wave losses in printed antennas over magneto-dielectric materials, *Fourth European Conference on Antennas and Propagation (EuCAP 2010)*, Barcelona, pp. 1-4, Espanha.

Oliner, A.A. (2003). A planar negative-refractive-index medium without resonant elements, *MTT-S International Microwave Symposium Digest*, Philadelphia, Pennsylvania, Vol. 1, pp. 191-194, USA.

Pendry, J.B., A.J. Holden, D.J. Robbins e W.J. Stewart (1999). Plasmões de baixa frequência em estruturas de fio fino, *Journal of Physics: Condensed Matter*, Vol. 10, No. 22, pp. 4785-4809.

Pendry, J.B., A.J. Holden, D.J. Robbins e W.J. Stewart (1999). Magnetism from conductors and enhanced nonlinear phenomena, *IEEE Transactions on Microwave Theory and Techniques*, Vol. 47, No. 11, pp. 2075-2084.

Rajesh, G.S., V. Kumar e V. Kishore (2015). Projeto de antena de patch de microfita multibanda usando metamaterial para sistema SAR aerotransportado, *Conferência Internacional IEEE sobre Processamento de Sinais, Informática, Comunicação e Sistemas de Energia (SPICES)*, NIT Calicut, Kerala, pp. 1-3, Índia.

Sarabandi, K., A.M. Buerkle, e H. Mosallaei (2006). Compact wideband UHF patch antenna on a reactive impedance substrate, *IEEE Antennas and Wireless Propagation Letters*, Vol. 5, No. 1, pp. 503-506.

Shelby, R.A., D.R. Smith e S. Schultz (2001). Experimental verification of a negative refractive index of refraction, *Science*, Vol. 292, No. 5514, pp. 77-79.

Sievenpiper, D. (1999). Superfícies Electromagnéticas de Alta Impedância, Tese de Doutoramento.

Sievenpiper, D., L. Zhang, R.F.J. Broas, N.G. Alexopolous e E. Yablonovitch (1999). Superfícies electromagnéticas de alta impedância com uma banda de frequência proibida, *IEEE Transactions on Microwave Theory and Techniques,* Vol. 47, No. 11, pp. 2059-2074.

Simovski, C.R. e S. He (2003). Gama de frequências e expressões explícitas para a permissividade e permeabilidade negativas para um meio isotrópico formado por uma rede de partículas Ω perfeitamente condutoras, *Physics Letters* A, Vol. 311, No. 2-3, pp. 254-263.

Smith, D.R., D.C. Vier, Th. Koschny e C.M. Soukoulis (2005). Electromagnetic parameter retrieval from inhomogeneous metamaterials, *Physical Review E-Statistical, Nonlinear and Soft Matter Physics*, Vol. 71, No.3, pp. 036617-036617-11.

Smith, D.R., W.J. Padilla, D.C. Vier, S.C. Nemat-Nasser e S. Schultz (2000). Composite Medium with Simultaneously Negative Permeability and Permittivity, *Physical Review Letters*, Vol. 84, No. 18, pp. 4184-4187.

Snoeij, P. e A.R. Vellekoop (1992). A statistical model for the error bounds of an active phased array antenna for SAR applications, *IEEE Transactions on Geoscience and Remote Sensing,* Vol. 30, No.1, pp. 736-742.

Sundaram, A., M. Maddela e R. Ramadoss (2007). Koch-fractal folded-slot antenna characteristics, *IEEE Antennas and Wireless Propagation Letters,* Vol. 6, pp. 219-222.

Szabo, Z., G.-H. Park, R. Hedge, e E.-P. Li (2010). A unique extraction of metamaterial parameters based on kramers-kronig relationship, *IEEE Transactions on Microwave Theory and Techniques*, Vol. 58, No. 10, pp. 2646-2653.

Tretyakov, S. (2003), Analytical modeling in applied electromagnetics, Artech House, Norwood, Massachusetts, EUA.

Urbani, F., F. Bilotti, A. Alù, e L. Vegni (2005). VCO active integrated antenna with reactive impedance surfaces, *Microwave and Optical Technology Letters*, Vol. 47, No. 1, pp. 82-86.

Vaid, S. e A. Mittal (2013). An investigation of circular patch antenna on pin-bed type RIS, *Asia Pacific Microwave Conference (APMC)*, Seoul, Vol. 2, No. 1, pp. 170-172, Coreia do Sul.

Veselago, V.G. (1967). A eletrodinâmica de substâncias com valores simultaneamente negativos de ε e μ. *Física-Uspekhi*, Vol. 9, No. 1, pp. 331-333.

Vinoy, K.J., J.K. Abraham e V.K. Varadan (2003). On the relationship between fractal dimension and the performance of multi-resonant dipole antennas using Koch curves, *IEEE Transactions on Antennas and Propagation*, Vol. 51, pp. 2296-2303.

Wong, K. L. e W. H. Hsu (2001). Abroad-band retangular patch antenna with a pair of wide slits, *IEEE Transactions on Antennas and Propagation*, Vol. 49, No. 9, pp. 1345-1347.

Yang, F. e Y. Rahmat-Samii (2003). Reflection phase characterizations of the EBG ground plane for low profile wire antenna applications, *IEEE Transactions on Antennas and Propagation*, Vol. 51, No. 10, pp. 2691-2703.

Yang, F., X.-X. Zhang, X. Ye e Y. Rahmat-Samii (2001). Wide-band E-shaped patch antennas for wireless communications, *IEEE Transactions on Antennas and Propagation*, Vol. 49, No. 7, pp. 1094-1100.

Zhao, X., Y. Lee, e J. Choi, (2011). Projeto de antena patch compacta usando substrato embutido de ressonador de anel dividido, *Cartas de Tecnologia Ótica e Micro-ondas*, Vol. 53, No. 12, pp. 2789-2790.

Zhigang, L., F. Shunyu, Z. Shouzheng, C. Dong, C. Jie, F. Lu e L. Yang (2014). Antena de microfita polarizada circularmente com slots assimétricos do terminal de navegação

BeiDou, *3ª Conferência Ásia-Pacífico de Antenas e Propagação de 2014*, Harbin, pp. 382-385, China.

LISTA DE PUBLICAÇÕES

1. Galaba, S.R, Venkata Kishore K, Vijay Kumar e Yogesh Kumar Choukiker (2015). Antena metamaterial baseada em SRR de anel único para aplicações SAR, *ENGGPOS-2015,* Universidade de Karampagam, Coimbatore.

2. Rajesh, G.S. e V. Kumar (2015). Um estudo de antena de microfita carregada com CSRR para aplicações multibanda, *5ª Conferência de Eletromagnética Aplicada do IEEE (AEMC-2015)*, IIT Guwahati, pp. 1-2.

3. Rajesh, G.S. e V. Kumar (2016). Antena multi-substrato carregada com CSRR para aplicações 4G LTE e Wi-MAX, *jornal indiano de ciência e tecnologia*, Vol. 9, No. 40, pp. 86915.

4. Rajesh, G.S. e V. Kumar (2015). Projetando uma antena de patch miniaturizada baseada em metamaterial de banda C para aplicações multibanda, *Revista Internacional de Pesquisa em Engenharia Aplicada*, Vol. 10, No. 30, pp. 22716-22718.

5. Rajesh, G.S. e V. Kumar (2015). Projetando uma antena de patch carregada com RIS em forma de Omega miniaturizada para aplicações de banda C, *Conferência Internacional IEEE sobre Comunicação e Controle de Computadores, IC4 2015*, Indore, pp-1-3.

6. Rajesh, G.S. e V. Kumar (2015). Projetando Antena de Patch de Microfita de Metamateriais Multibanda para Aplicações SAR, *Anais da Conferência Internacional de Micro-ondas e Fotônica de 2015, ICMAP 2015,* ISM- Dhanbad, pp. 1-3.

7. Rajesh, G.S., K.V. Kishore e V. Kumar (2015). Projeto de antena de patch de microfita multibanda usando metamateriais para sistema SAR aerotransportado, Conferência Internacional IEEE 2015 sobre processamento de sinais, informática, *comunicação e sistemas de energia, SPICES 2015,* NIT Calicut.

8. Sai Rajesh, G. e V. Kumar (2016). Antena Koch Fractal inspirada em H-RIS para aplicações SAR de banda S e C, *Cartas de tecnologia de micro-ondas e ótica*, Vol. 58, No. 6, pp. 1311-1314.

Printed by Books on Demand GmbH, Norderstedt / Germany